能源转型与技术创新丛书

新能源功率预测
技术与应用

国网甘肃省电力公司　国网甘肃省电力公司电力科学研究院　组编

马彦宏　吕清泉　主编

中国电力出版社
CHINA ELECTRIC POWER PRESS

内 容 提 要

全书聚焦新能源功率预测技术与应用内容，阐述了基础数据、运行监测网络、数值天气预报、功率预测模型与评价标准、新能源场站运维、案例六个方面的内容，通过理论与实践相结合的方式，帮助新能源功率预测专业相关人员理解并掌握新能源功率预测技术与应用，提高实际运维能力。

本书可作为从事新能源功率预测运维和管理人员的培训用书，也可供相关从业人员参考。

图书在版编目（CIP）数据

新能源功率预测技术与应用 / 国网甘肃省电力公司，
国网甘肃省电力公司电力科学研究院组编 ；马彦宏，
吕清泉主编. -- 北京：中国电力出版社，2025. 9.
（能源转型与技术创新丛书）. -- ISBN 978-7-5239-0176-
2

Ⅰ. TM61
中国国家版本馆 CIP 数据核字第 20250MW130 号

出版发行：中国电力出版社
地　　址：北京市东城区北京站西街 19 号（邮政编码 100005）
网　　址：http://www.cepp.sgcc.com.cn
责任编辑：高　芬　王梦琳　罗　艳
责任校对：黄　蓓　王海南
装帧设计：张俊霞
责任印制：石　雷

印　　刷：北京九天鸿程印刷有限责任公司
版　　次：2025 年 9 月第一版
印　　次：2025 年 9 月北京第一次印刷
开　　本：710 毫米×1000 毫米　16 开本
印　　张：12.5
字　　数：209 千字
印　　数：0001—1300 册
定　　价：82.00 元

本书编写组

主　编	马彦宏	吕清泉			
副主编	张　红	张健美	周　强	杨春祥	李玉杰
编写人员	牛继恩	赵　龙	刘宗洋	马　明	吴国栋	韩自奋
	刘欣宇	张　瑞	姚　楠	朱晓卫	高　巍	杨　苹
	王志鹏	刘泽健	赵海苓	张　玮	庄延杰	梁文静
	吕振华	李文胜	刘克权	保承家	牛　炜	周亚维
	张鹏远	高敬更	孙泽孔	梁　琛	马　乐	李万伟
	赵　剑	甄文喜	张海龙	赵麟祥	王　琨	康　毅
	魏　博	韩杰祥	徐宏雷	马　寅	王　铮	陈　钊
	崔　剑	张　鹏	庞晓东	张珍珍	张睿骁	高鹏飞
	李　津	王明松	张彦琪	黄　蓉	程　健	韩永军
	杨国山	杨　浩				

序 Preface

在国家和地区的低碳转型发展战略中，能源是主战场，电力是主力军。为实现"双碳"目标，需要深度理解能源电力低碳转型的重要地位，以及其在能源电力转型过程中技术创新所扮演的重要角色。电气行业的技术创新，无论是围绕清洁低碳高效火电及先进的可再生能源发电，还是围绕核电、电力系统及数字化，都需要做一些持续的努力和提升。

2024年中央经济工作会议强调，要"建设现代化产业体系，更好统筹发展和安全""协同推进降碳减污扩绿增长，加紧经济社会发展全面绿色转型"，体现了国家低碳转型发展的决心和思路。国家电网有限公司深入贯彻落实中央经济工作会议精神，统筹发展和安全，坚持统一调度、协同联动、创新赋能，健全电网稳定管理体系，完善电力安全治理措施。围绕高水平安全保障新型电力系统高质量发展，支撑建设新型能源体系和实现"双碳"目标，国家电网有限公司大力加强科技创新研发部署和成果推广应用，体现了大国央企的重要作用与担当。

近年来，各省市（地）电网公司始终响应国家号召，践行国家电网有限公司发展新理念，紧跟电力发展趋势，在能源转型与技术创新领域，积淀了一系列有价值、可推广的成果，为总结这些先进经验，多家电企单位从自身高端技术领域出发，围绕新能源、海底电缆、无人机、智能电网等多个专业，编写"能源转型与技术创新丛书"（简称"丛书"），丛书各专业分册以技术创新为主线，或集中攻坚个别领域，或深度探讨管理变革，或多角度分析电力行业产业融合，旨在能源变革新形势下将电力行业研发、生产、管理、服务全流程贯穿一体，推动资源从局部优化向全局优化升级。

以科技创新推动能源转型是贯彻新发展理念的内在要求，也是以能源高质量发展支撑实现中国式现代化的战略选择。在全球经济增速放缓、地缘政治冲突加剧的外部环境影响下，电力行业作为国家支柱之一，必须打好新型能源体系关键核心技术攻坚战，以科技创新推动能源转型，保障国家能源安全，应对全球气候变化，共建清洁美丽世界。

从书的编写与出版是一项系统工作，汇聚了全行业专家的经验和智慧，各分册编写组遵循应用牵引、价值驱动、生态优化的原则，加强技术突破，创新思路举措，凝练了一系列经验，力图促进电力行业高质量发展。希望通过我们对各方面前沿研究和最新实践的持续总结和分享，能够对推动中国完成"碳中和"的总要求起到更加卓有成效的推动促进作用。

国网能源研究院　原副院长

前 言 Foreword

　　甘肃是全国重要的新能源和新能源装备制造基地，目前已建成酒泉千万千瓦级风电基地和 4 个百万千瓦级光伏发电基地。"十四五"时期以来，甘肃年均新增新能源并网装机容量超过 1000 万 kW。截至 2023 年年底，全省新能源装机规模超过 5490 万 kW，占全省电源装机容量的 61.27%，占比居全国第二位。发电功率可靠预测是新能源大规模有序并网的关键，高精度的功率预测可以帮助电网合理安排新能源的接入和调度，有助于电网进行有效的备用容量规划，确保在新能源出力波动时仍能保证电力供应的可靠性，为电网数智化水平提供坚强动力。在此背景下，结合实际场景，编制《新能源功率预测技术与应用》，有益于开展新能源功率预测技术科技攻关和创新实践，为电网规划、调度检修计划及电网运行保障提供可靠的技术支撑，赋能新能源并网消纳等业务高质效开展，全力保障电网安全稳定和电力可靠供应。

　　本书从六个方面展开叙述，第 1 章基础数据，介绍静态信息、短期气候预测、实测气象数据、实测功率数据、计划检修信息等；第 2 章运行监测网络，主要包括微气象监测、场站运行状态信息、运行监测设备、运行监测系统；第 3 章数值天气预报，除基本概念及特点，还阐述了对新能源发电功率预测精度的影响及提升新能源发电功率预报精度的关键技术；第 4 章功率预测模型与评价标准，从新能源机组出力特性、功率预测、新能源功率预测模型、新能源功率预测模型评价四个方面展开；第 5 章新能源场站运维，除光伏电站、风电场运维，还介绍了升压站运维；第 6 章案例，总结了典型案例。

　　本书凝结了国网甘肃省电力公司、国网甘肃省电力公司电力科学研究院及编写组专家的智慧，且得益于马彦宏甘肃省拔尖人才项目支撑，在此一并致谢！

在编写过程中，力求内容的系统性和完整性，力求技术的实用性和前沿性，通过理论与实践相结合，为新能源功率预测技术与管理人员提供有价值的参考。

随着技术进步和人才培养机制的不断优化和完善，本书内容将跟随时代发展不断更新修订，欢迎广大相关电力专家持续关注并提出宝贵意见，共同为电力系统安全稳定运行做出应有贡献。

编　者
2025 年 3 月

目 录 Contents

1

基 础 数 据

　　新能源开发利用符合中国能源发展战略、实现电力可持续发展、电力结构调整和环境保护的需要，近年来，随着能源危机的愈演愈烈，中国加大了开展新能源发电工作的力度，新能源发电也已经成为中国供电的主要来源之一。新能源电力在中国供电网络中所占的比例日益提高，这不仅缓解了中国当前的供电压力，也满足了可持续发展战略的要求，做到了能源的节约。目前，中国最为主要的新能源发电方式为包含了风力发电及光伏发电的新能源场站发电，新能源场站是指由一批风电机组或风电机组群（包括机组单元变压器）、汇集线路、主升压变压器及其他设备组成的风电场，或由光伏阵列、逆变器、变压器及相关辅助设施组成的光伏发电站。

　　但风电场和光伏电站对于环境要求较高，发电场站分布较为分散且环境普遍较为恶劣。另外，风电和光伏新能源的发电功率并不稳定，其出力的随机性、间歇性、波动性会对电网供电的稳定性造成影响，因此必须要对新能源场站的各发电装置的运行状态，即新能源场站的基础数据进行收集、运行监测和远程控制，通常采用运行信息管理系统对新能源场站每日的运行数据进行监控分析，即从静态信息、气候预报、实测气象数据、实测功率数据、计划检修信息等多方面基础数据进行监控，通过对新能源场站的静态和动态数据进行监控分析，管理人员可以掌握发电场即时或长期工作状态，根据管理系统的运行数据分析发电装置运行状态，对输出的超短期、短期、中期功率和长期电量状况进行合理预估预测，进一步提高新能源场站功率预测的准确性，并根据预测结果结合实际需求对其运行状态进行远程控制，提升或控制发电效率以进行"源网荷储"一体化平衡控制。另外，还能及时发现发电过程中存在的问题，一旦监控系统发现了发电装置运行状态异常，则会自动报警，管理人员可以根据报警类型及时采取措施，对发电装置进行维修，避免影响正常的发电工作，从而提高电网运行的安全性和可靠性，实现优化电网运行、降低发电成本、辅助场站决策的目的。

≫ 1.1 静 态 信 息 ≪

新能源场站的静态信息是指场站固有的参数信息，不随时间改变，且能反映出场站的功能及属性。在功率预测中，静态信息应离线收集，并保证相关数据的准确性。

1.1.1 风电场的静态信息

风电场的静态信息至少包括名称、并网装机容量、中心位置的经纬度坐标、风机功率曲线等，具体信息如表 1−1 和表 1−2 所示。

表1−1 风电场基本参数

序号	名称	单位	数值或内容
1	风电场名称	—	—
2	建设地点	—	—
3	风电场中心位置经纬度	（°）	—
4	投运时间	—	年　月　日
5	占地面积	km²	—
6	并网装机容量	MW	—
7	测风塔位置经纬度	（°）	—
8	并网线路及电压等级	—	—
9	上网变电站名称	—	—

表1-2 风 机 详 细 信 息

名称	风机类型1				风机类型2			
风机型号	—				—			
风机台数	—				—			
生产厂商	—				—			
轮毂高度	—				—			
叶轮直径	—				—			
发电机类型	—				—			
浆距调节	—				—			
功率曲线	—				—			
编号	风速	功率	推力系数	并网时间	风速	功率	推力系数	并网时间
风机编号1	—	—	—	—	—	—	—	—
风机编号2	—	—	—	—	—	—	—	—
风机编号3	—	—	—	—	—	—	—	—

1.1.2 光伏电站的静态信息

光伏电站的静态信息至少包括名称、并网装机容量、中心位置的经纬度坐标、光伏电池板特性参数等，具体信息如表1-3～表1-5所示。

表1-3 光 伏 电 站 基 本 参 数

序号	名称	单位	数值或内容
1	光伏电站名称	—	—
2	建设地点	—	—
3	光伏电站中心位置经纬度	(°)	—
4	投运时间	—	年 月 日
5	占地面积	km²	—
6	并网装机容量	MW	—
7	测光设备位置经纬度	(°)	—
8	并网线路及电压等级	—	—
9	上网变电站名称	—	—

表1-4 光 伏 阵 列 信 息

阵列序号	电池型号	电池片数	逆变器型号	逆变器效率	光伏阵列倾斜角	光伏阵列方位角①	串并联方式②	总功率
1	—	—	—	—	—	—	—	—
2	—	—	—	—	—	—	—	—

① 光伏电池板与地面的夹角。

② 如果电池板水平放置方位角为零,此外正南为 0°,正西为 90°,正北 180°,正东 270°。

表1-5 光 伏 组 件 参 数

电池型号	最佳工作电压	最佳工作电流	开路电压	短路电流	峰值功率
1	—	—	—	—	—
2	—	—	—	—	—

≫ 1.2 短 期 气 候 预 测 ≪

气候是某地区长时间尺度的大气一般状态和天气过程的综合表现,是影响风、光资源水平的重要因素。新能源功率预测精度强依赖于天气模态和气候条件等因素,因此气候预报是新能源功率预测中的重要信息。气候预报数据应符合下列要求:

(1)至少包括次月起到未来 12 个月的气候预报数据,时间分辨率为月。

(2)至少包括月平均风速、月平均总辐照度、月平均温度等参数。

(3)每月至少提供一次气候预报数据。

数据采集时,气候预报应自动完成,并可通过手动方式补充录入。自动采集数据的传输时间延迟应不大于 1min。

气象方面,除气候预报外,还应采集数值天气预报信息。数值天气预报是指提供 3km×3km 空间分辨率,垂直 10～20km 的 35 层不同层高的每 15min 的多种气象要素的详细预报结果,包括风速、风向、气温、气压、湿度等。即根据大气实际情况,在一定的初值和边值条件下,通过大型计算机作数值计算,求解描写天气演变过程的流体力学和热力学的方程组,预测未来一定时段的大气运动状态和天气现象的方法,可以更加直接地影响新能源功率预测精度。数值天气预报将在后文中单独讨论。

≫ 1.3 实测气象数据 ≪

实测气象数据是指在特定时间和地点通过气象观测设备直接收集到的大气状况信息，包括风速、风向、总辐照度、法向直接辐射辐照度等各种参数。实测气象数据是功率预测系统关键的输入层数据之一，它和实测功率数据并结合气象预报数据（常规气象预报和数值天气预报）、历史气象数据、历史功率数据及各项电气参数进行分析预测，得到新能源场站未来发电能力预测数据。这些输入层数据信息的完整、准确有效保证了预测系统的预测精度。实测气象数据风电场安装气象信息采集设备的技术指标符合 GB/T 18709 的规定；光伏电站安装气象信息采集设备的技术指标符合 GB/T 30153 的规定，实测气象数据采集的时间间隔不大于 5min。

1.3.1 风电场采集的实测气象数据概述

包括但不限于 10m、30m、50m、70m 和风电机组轮毂高度处（当轮毂高度不等于 70m）的风速、风向，10m 高程的气温、气压、相对湿度及风电机组机舱测风仪器的采集数据。

1.3.2 风电场主要实测气象数据释义

风速：单位时间内空气移动的水平距离。

风向：风的来向。把圆周分成 360°，用角度表示风向，其中北风（N）是 0°（即 360°），东风（E）是 90°，南风（S）是 180°，西风（W）是 270°。

瞬时风速：空气微团的瞬时水平移动速度。

平均风速：给定时段内瞬时风速的平均值。

主导风向：规定时间段内，出现频率最高的风向。

轮毂高度：从塔架处地面到风电机组风轮扫掠面中心的高度。

平坦地形：风电场场址周围 3～5km 范围内，地势高差均小于 60m，且在 3～5km 范围内最大坡度不超过 3%。

低洼地形：风电场周围均是较高的地势，形成的封闭或半封闭地形，包括山谷、盆地、隘口、河谷等。

隆升地形：风电场较周围地区较高的地形，如山脊、山丘、山崖等。

标定：使用标准的计量仪器或方法对所使用仪器的准确度（精度）进行检测或校准，使其符合标准。

测风雷达：用来探测大气中的风、温度、压力、湿度等气象要素的雷达，包括高空气象探测雷达、风廓线雷达和多普勒激光雷达等。

风廓线雷达：用来探测大气风场的雷达，包括边界层风廓线雷达、对流层风廓线雷达、平流层风廓线雷达和中层风廓线雷达等。

1.3.3　风电场实测气象数据监测参数要求

1. 风电机组监测

风电场应利用风电机组对风速进行监测并上传。

风电机组的风速每秒采样 1 次，自动计算和记录每 5min 的算术平均风速，单位为米/秒（m/s）。

2. 测风塔监测

（1）平均风速：每秒采样 1 次，自动计算和记录每 5min 的矢量平均风速，单位为米/秒（m/s）。

（2）平均风向：每秒采样 1 次，自动计算和记录每 5min 的平均风向，单位为度（°）。

（3）气温：每 10s 采样 1 次，在每分钟采样的 6 个样本中去掉异常值、1 个最大值和 1 个最小值，余下样本的算术平均为该分钟的瞬时值，若余下样本数为 0，则本次瞬时值缺测。以瞬时值为样本，自动计算和记录每 5min 的算术平均值，单位为摄氏度（℃）。

（4）相对湿度：每 10s 采样 1 次，在每分钟采样的 6 个样本中去掉异常值、1 个最大值和 1 个最小值，余下样本的算术平均为该分钟的瞬时值，若余下样本数为 0，则本次瞬时值缺测。以瞬时值为样本，自动计算和记录每 5min 的算术平均值，无量纲值，一般用百分数表示。

（5）气压：每 10s 采样 1 次，在每分钟采样的 6 个样本中去掉异常值、1 个最大值和 1 个最小值，余下样本的算术平均为该分钟的瞬时值，若余下样本数为 0，则本次瞬时值缺测。以瞬时值为样本，自动计算和记录每 5min 的算术平均值，单位为百帕（hPa）。

3. 数据一致性要求

50m 和 30m 高度小时平均风速差值小于 2m/s，50m 和 10m 高度小时平均风速差值小于 4m/s，50m 和 30m 高度风向差值应小于 22.5° 或大于 337.5°。

风能资源监测数据轮毂高度风速应与风电场邻近的风电机组风速保持较强相关性（皮尔逊相关系数不小于 0.8）。

1.3.4　风电场实测气象数据不同时期监测要求

1. 风电场建设期监测要求

风电场建设前，应进行不小于 1 年的风能资源监测，测风塔数据可用率不小于 99%，测风雷达数据可用率不小于 75%。

风电场建设前与运行期的风能资源监测应具有良好的连续性。

风电场建设完成时，应将风电场基础信息与建设前期监测数据一同报送电网调度机构，方可并网运行。

2. 风电场运行期监测要求

风电场运行期间，应实时进行风能资源监测，并维护各类仪器正常运行，保证数据准确性、完整性和连续性。

风电场扩建、改建后，应判断是否需要增加测风塔数量，增加测风塔后应对风电场基础信息进行完善和上报。

1.3.5　光伏电站实测气象数据概述

包括但不局限于总辐照度、法向直接辐射辐照度、散射辐射辐照度、组件温度、日照时数、平均风速、平均风向、环境温度、相对湿度，宜包括气压、地基云图。

1.3.6　光伏电站实测气象数据监测参数要求

（1）总辐照度（水平面上由总日射形成的半球向辐照度）。每 10s 采样 1 次，在每分钟采样的 6 个样本中去掉异常值、1 个最大值和 1 个最小值，余下样本的算术平均为该分钟的瞬时值，若余下样本数为 0，则本次瞬时值缺测。以瞬时值为样本，自动计算并记录每 5min 的平均值，单位为瓦/米^2（W/m^2）。总辐照度数据的测量要求光谱范围为 280～3000nm，测量精度要求 5%。

（2）法向直接辐射辐照度（直接辐射在与射束垂直的平面上的辐照度）。每

10s 采样 1 次，在每分钟采样的 6 个样本中去掉异常值、1 个最大值和 1 个最小值，余下样本的算术平均为该分钟的瞬时值，若余下样本数为 0，则本次瞬时值缺测。以瞬时值为样本，自动计算并记录每 5min 的平均值，单位为瓦/米^2（W/m^2）。

（3）散射辐射辐照度（水平面上由散射日射形成的半球向辐照度）。每 10s 采样 1 次，在每分钟采样的 6 个样本中去掉异常值、1 个最大值和 1 个最小值，余下样本的算术平均为该分钟的瞬时值，若余下样本数为 0，则本次瞬时值缺测。以瞬时值为样本，自动计算并记录每 5min 的平均值，单位为瓦/米^2（W/m^2）。

（4）组件温度（太阳电池组件背板的实际工作温度）。每 10s 采样 1 次，在每分钟采样的 6 个样本中去掉异常值、1 个最大值和 1 个最小值，余下样本的算术平均为该分钟的瞬时值，若余下样本数为 0，则本次瞬时值缺测。以瞬时值为样本，自动计算并记录每 5min 的平均值，单位为摄氏度（℃）。

（5）日照时数（太阳直接辐射辐照度大于或等于 120W/m^2 时段的总和）。自动计算并记录每 5min 的累计值，单位为小时（h）。

（6）平均风速。每秒采样 1 次，自动计算并记录每 5min 的平均值，单位为米/秒（m/s）。

（7）平均风向。每秒采样 1 次，与风速同步采集该风速的风向，自动计算并记录每 5min 的平均值，单位为度（°）。

（8）环境温度。每 10s 采样 1 次，在每分钟采样的 6 个样本中去掉异常值、1 个最大值和 1 个最小值，余下样本的算术平均为该分钟的瞬时值，若余下样本数为 0，则本次瞬时值缺测。以瞬时值为样本，自动计算并记录每 5min 的平均值，单位为摄氏度（℃）。

（9）相对湿度。每 10s 采样 1 次，在每分钟采样的 6 个样本中去掉异常值、1 个最大值和 1 个最小值，余下样本的算术平均为该分钟的瞬时值，若余下样本数为 0，则本次瞬时值缺测。以瞬时值为样本，自动计算并记录每 5min 的平均值，无量纲值，一般用百分数表示。

（10）气压。每 10s 采样 1 次，在每分钟采样的 6 个样本中去掉异常值、1 个最大值和 1 个最小值，余下样本的算术平均为该分钟的瞬时值，若余下样本数为 0，则本次瞬时值缺测。以瞬时值为样本，自动计算并记录每 5min 的平均值，单位为百帕（hPa）。

（11）地基云图（由安装在地表的全天空成像仪自下而上观测到的云层特征图像）。自动采集每 5min 的全天空云图像，单位为帧。该项为可选项。

1.3.7 新能源场站实测气象数据采集时间间隔要求

时间间隔不大于 5 min。

» 1.4 实测功率数据 «

实测功率数据是场站端的历史并网发电功率，功率预测系统通过设定时间可以搜索新能源场站相应的出力历史功率，实测功率数据包括新能源场站内所有风电机组或光伏系统实际输出的有功功率、无功功率、有功功率总加、无功功率总加等实时测量数据。实测功率数据、设备运行状态的采集时间间隔应不大于 5min。实测功率数据是功率预测系统输入层关键数据之一，也是对预测功率数据准确性和精度判断及调整的重要依据，同时也是新能源场站与电网进行交互时调度进行管理的重要依据。

1.4.1 风电场实测功率数据

风电场实测功率数据包含以下内容：

（1）风电机组的有功功率、无功功率。

（2）风电机组的有功功率总加、无功功率总加。

（3）并网点接入电网线路的有功功率、无功功率和电流。

（4）升压站主变压器低压侧各馈线的有功功率、无功功率和电流。

（5）升压站主变压器高、低压侧各段母线的电压。

（6）升压站主变压器温度（包含主变压器本体油温、有载油温和本体绕组温度）。

（7）汇集线的有功功率、无功功率和电流。

（8）当前升有功功率速率、降有功功率速率。

（9）升压站主变压器有载调压装置的分接头挡位。

（10）升压站无功补偿装置的无功功率、电流。

（11）遥调电压、有功功率目标返回值。

（12）正常发电状态风电机组有功功率、无功功率。

（13）场外受限状态风电机组有功功率、无功功率。

（14）风电场理论发电功率、风电场可用发电功率。

（15）正常发电状态、场外受限状态、场内受限状态和待机状态等四种状态下风电机组各状态的总台数。

（16）风电机组机舱风速、风向。

1.4.2　光伏电站实测功率数据

光伏电站实测功率数据包含以下内容：

（1）逆变器的有功功率、无功功率。

（2）逆变器的有功功率总加、无功功率总加。

（3）并网点接入电网线路的有功功率、无功功率和电流。

（4）升压站主变压器低压侧各馈线的有功功率、无功功率和电流。

（5）升压站主变压器高、低压侧各段母线的电压。

（6）升压站主变压器温度（包含主变压器本体油温、有载油温、本体绕组温度）。

（7）汇集线的有功功率、无功功率和电流。

（8）当前升有功功率速率、降有功功率速率。

（9）升压站主变压器有载调压装置的分接头挡位。

（10）升压站无功补偿装置的无功功率、电流。

（11）遥调电压、有功功率目标返回值。

（12）正常发电状态逆变器有功功率、无功功率。

（13）场外受限状态逆变器有功功率、无功功率。

（14）光伏发电站理论发电功率、光伏发电站可用发电功率。

（15）正常发电状态、场外受限状态、场内受限状态和待机状态等四种状态下光伏逆变器各状态的总台数。

≫ 1.5　计 划 检 修 信 息 ≪

新能源场站计划检修信息是一个广义的概念，它涵盖了致使新能源场站实际功率远低于理论功率的各类情况。一方面，涉及电网相关因素导致的计划检修与临时检修停电，如掉网故障、电网频率高故障（Level2）、电网容量限制等引发的停电，以及自动发电控制（AGC）限电、机组限功率运行等情况；另一方面，包含设备制造商责任范围内，因设备故障而进行的计划运维修复等内容，在功率预测的数据清洗环节起到关键性作用。

计划检修信息在功率预测中的作用包括：

（1）提升预测准确性。计划检修会使新能源场站的发电设备在特定时间段内停止运行或降低出力。功率预测模型将计划检修信息纳入考量后，能更精准地反映场站实际发电能力。例如，光伏电站部分光伏板进行检修时，功率预测系统可根据检修范围和时间，调整对该电站发电功率的预测值，避免出现预测功率高于实际可发电功率的情况。

（2）支撑数据驱动模型训练集数据清洗。对数据集进行整体扫描，找出检修计划覆盖的由人为因素导致实际功率远低于理论功率的样本，并根据业务逻辑对样本进行处理。具体而言，可根据实际情况对检修计划覆盖时间内的实际功率值进行尝试性修复；限电时长小于 15min 的样本，可以通过内插值补全，若相应限电或检修段较长，但有采集到的可用功率，可用功率替换对应时段实际功率值；若无法确定正确值则考虑删除该记录。

（3）辅助设备运维管理。功率预测与计划检修信息相结合，能帮助运维人员评估检修对发电的影响。通过对比检修前后的功率预测与实际发电数据，分析检修效果，判断设备性能是否得到提升。如果检修后功率预测与实际功率偏差较大，可及时发现设备可能存在的其他问题，为后续的运维工作提供指导。

新能源场站的计划检修信息直接影响新能源场站的发电计划，新能源场站发电计划包括日前发电计划、日内发电计划和实时发电计划，其中：

（1）日前发电计划是次日至未来多日每日 96 个时段（00:15—24:00）颗粒度为 15min 的机组组合计划和出力计划。

（2）日内发电计划是在日前发电计划基础上滚动优化编制未来 1h 至未来多小时颗粒度为 15min 的机组组合计划和出力计划。

（3）实时发电计划是在日前或日内发电计划基础上滚动优化编制未来 5min 至 1h 颗粒度为 5min（或 15min）的机组出力计划。

2

运 行 监 测 网 络

在构建以新能源为主体的新型电力系统背景下，随着新能源装机比例不断提升、场站接入数量逐渐增多，新能源场站的生产运行监测、发电并网消纳等工作的重要性越来越高。由于以光伏、风电为主体的新能源发电与气象天气息息相关，因此对于新能源场站运行监测网络的构建除了传统的监控系统、二次设备外，还需重点考虑微气象监测技术，在第1章中已介绍风电、光伏新能源场站对应的实测气象数据范围、参数、要求等，本章主要从与新能源场站生产运行密切相关的微气象监测、场站运行状态信息、运行监测设备及运行监测系统四个方面介绍新能源运行监测网络。

» 2.1 微 气 象 监 测 «

微气象监测是指在小尺度（通常为几米至几千米）或特定场景中，对气象要素（如温度、湿度、风速、风向、降水、气压、辐射等）进行高精度、高频次、实时动态的观测与分析。其核心目标是捕捉短时间段、局部范围的气象变化，为新能源场站的生产运行、功率预测、设备运维等精细化管理和科学决策提供数据支持。下面从研究背景、发展历程、功能特点、场景分类和系统参数5个方面进行相应介绍。

2.1.1 研究背景

微气象是指临近地面小范围地区的薄层空气的大气现象和大气动力学过

程。微气象通常由某些构造特征（如微地形）导致，造成近地面大气层和上次土壤中的小范围气象要素的改变，这种小范围气候特点表现在个别天气现象，如风、雾、雨、霜等。在电力系统中表现为某新能源场站或变电站所处的地区中某些气象因子（如风、光等）的变化，直接对电网设施和发电出力造成一定的影响。

当前，以风电、光伏为代表的新能源发电特征与气象因素息息相关，气象条件的变化将直接影响风能、太阳能等分散性资源的充裕性，进而影响新能源发电出力，极大地改变电力系统供需平衡边界。特别是极端恶劣天气还会对风机、光伏板等新能源发电设施造成严重破坏，是造成电网设备故障和大规模停电的主要因素，严重危害了电力生产安全稳定运行。随着新能源发电占比的不断提高，气象条件的影响愈加显著，已成为新能源发电波动的最大变量。

因此，无论是电力生产防灾减灾，抑或是新能源发电预测，研究与新能源相关的气象监测，尤其是微气象监测系统，实现新能源发电预测与精准气象预报相结合，对于保障大电网频率电压稳定、减少新能源发电损失、建设以新能源为主体的新型电力系统的目标是非常有必要的。

2.1.2 发展历程

国内早期对电网设施所处环境的微气象信息监测多使用前置机采集的方式，前置机功能单一，一台前置机往往只能存储一种微气象信息，且前置机没有将微气象数据实时传输至电网监管系统供管理人员分析处理的能力，难以体现监测系统的实时性和智能性，降低了电网系统可靠性，增加了管理难度。

现有电网气象监测系统对监测设备本身的性能也提出了更高要求。首先，在单个监测设备所支持的采集要素数目上，要求一个监测设备可整合多个智能传感器以同时获得多种微气象数据信息，降低前端设备成本和运维成本，使电网管理人员能够从多角度分析判断电网运作情况。其次，由于无线通信技术的引入使监测设备在相对恶劣环境下的部署成为可能，为适应野外等工作环境，要求智能监测设备在传统市电供电方式以外还有其他供电方式来保障设备正常运作。

2.1.3 功能特点

微气象监测系统是一种专门用于监测区域范围内微观气象条件的设备。它能够实时、精准地监测气象要素，如与新能源相关的环境温度、环境湿度、风速、风向、光照、气压和降雨量等。常见的微气象监测系统和微气象传感器分别如图 2-1 和图 2-2 所示。

图 2-1 微气象监测系统

图 2-2 微气象传感器

微气象监测系统具有以下几个功能特点：

（1）高精度监测：能够提供高精度的气象数据，对新能源发电区域范围内的微观气象现象进行详细观测和分析。

（2）多场景适用：不仅适用于电力系统内新能源相关气象监测，也适用于农业、园林等领域。

（3）智能化预警：系统通过实时监测功能有效监测微气候变化，当出现异常情况时，及时发出预报警信息，提示管理人员对报警点予以重视或采取必要措施。

2.1.4 场景分类

根据第一章节所介绍的实测气象数据内容，面向新能源场站的微气象监测对象主要分为光伏和风电两种，监测范围分别根据光伏组件、风机本体的发电特性不同有所区分。

1. 光伏电站微气象监测

光伏电站微气象监测需满足实时监测并收集光伏电站所在地的气象数据相关需求，监测指标包括但不限于太阳总辐射量、直接辐射量、散射辐射量、环境温度、光伏组件温度、环境湿度、风速、风向、气压及降雨量等关键参数。以上气象数据对于评估光伏系统的发电性能、优化运维策略、预测发电量及制订长期规划具有重要的作用。

光伏电站微气象监测系统主要包括直射辐射表、散射辐射表、总辐射表、环境温度计、光伏组件温度计、风速仪、风向标、数据处理传输设备等，超过一定规模的光伏电站应配备全天空成像仪。

2. 风电场微气象监测

风电场微气象监测针对风电场风机安全稳定运行需实时监测风速、风向、环境温度、环境湿度、气压等气象数据的情况，如风速和风向的变化影响风机的实时出力，环境温度和湿度的变化影响风机的散热效果和电气性能，气压的变化影响风能的分布和强度。

2.1.5　系统参数

微气象监测系统整体功能可分为数据采样、数据处理、数据存储和数据传输四大部分，在硬件实现上分别对应气象参数传感器、处理芯片、存储芯片或硬盘、数据通信模块。

数据采集处理分为实时、历史两种微气象数据信息，实时数据指智能采集仪在接收到数据采集命令后，立即执行微气象数据检测操作，将传感器接收到的电信号转为数字信号，按指定格式封装为数据包上传；历史数据指采集仪按照设定值，定期存储微气象数据，留作数据备份使用。配备气象要素传感器种类可根据不同电网输配电设备的需求具体配备，但通用的监测要素有风速、风向、大气压力、环境温度、环境湿度、降水强度、光辐射强度七种，故考虑取这几种要素的传感器作为系统传感器配置。为满足新能源场站对气象数据精度和监测范围的要求，对各智能传感器的技术参数指标通用要求如表2-1~表2-6所示。

表2-1　　　　　　　　　　　　风速风向传感器参数要求

工作环境	工作环境温度	−40~50℃
	工作环境湿度	≤100%RH

续表

测量范围	风速量程	0～70m/s
	风向量程	0～360°
测量精度	风速精度	0.1m/s
	风向精度	1°
测量误差	风速误差	±0.3m/s
	风向误差	±3°

表2-2　　　　　　　　　大气压力传感器参数要求

工作环境	工作环境温度	-50～100℃
	工作环境湿度	≤100%RH
测量范围	大气压力量程	500～1100hPa
测量精度	气压精度	1hPa
测量误差	气压误差	±0.5%

表2-3　　　　　　　　　大气环境湿度传感器参数要求

工作环境	工作环境温度	-50～100℃
	工作环境湿度	≤100%RH
测量范围	大气环境湿度量程	0～100%RH
测量精度	湿度精度	0.1%RH
测量误差	湿度误差	±3%RH

表2-4　　　　　　　　　大气环境温度传感器参数要求

工作环境	工作环境温度	-40～120℃
	工作环境湿度	≤100%RH
测量范围	大气环境温度量程	-40～120℃
测量精度	气温精度	0.1℃
测量误差	气温误差	0.2℃

表2-5　　　　　　　　　降 水 强 度 传 感 器

工作环境	工作环境温度	0～50℃
	工作环境湿度	≤100%RH
测量范围	降水强度量程	≤4mm/min（降水强度）
测量精度	降水强度精度	0.2mm
测量误差	降水强度误差	±4%

表2-6   光辐射强度传感器

工作环境	工作环境温度	$-50\sim85℃$
	工作环境湿度	$\leqslant100\%RH$
测量范围	光辐射强度量程	$0\sim1500W/m^2$
测量精度	光辐射强度精度	$1W/m^2$
测量误差	光辐射强度误差	$3W/m^2$

➤ 2.2 场站运行状态信息 ◀

目前新能源场站运行状态信息按照生产使用分类，可分为面向风电机组、光伏逆变器等一次设备生产发电的生产运行状态信息和面向测控、保护等二次设备运行维护的设备运维状态信息。

2.2.1 生产运行状态信息

新能源场站生产运行状态信息反馈新能源发电及升压站等场景一次设备稳定运行及生产发电电网潮流情况，一般通过监控系统或能量管理系统进行集中管理。目前较为常见的新能源场站生产运行状态信息和变电站场景较为类似，主要分为遥测量、遥信量、遥控量和遥调量四个类别。

1. 遥测

（1）风机单元：风机额定容量、实时功率、风机数量。

（2）光伏组件：逆变器额定功率、交流侧功率、直流侧功率。

（3）主变压器：各侧有功、无功功率、电流、主变压器油温。

（4）线路：有功、无功功率、电流、电压、功率因数。

（5）母线：三相线电压、相电压、零序电压。

（6）电容器：无功功率、三相电流。

（7）站用变：电压、电流、有功、无功功率。

（8）微气象监测：环境温度、环境湿度、风速、风向、光照、气压和降雨量。

2. 遥信

（1）风机单元：风机运行状态、检修、告警。

（2）光伏组件：逆变器运行状态、检修、限电、告警。

（3）断路器位置、隔离开关位置、接地开关位置信号。

（4）断路器远方/就地切换信号。

（5）保护动作、保护装置故障、事故信号、预告信号。

（6）主变压器油位异常信号、冷却系统动作信号。

（7）自动装置投切、动作、故障信号。

（8）全站事故总、预告总。

3. 遥控

（1）断路器分、合。

（2）隔离开关和接地开关分、合。

（3）保护信号远方复归。

（4）保护及重合闸软压板远方投、退。

4. 遥调

（1）光伏、风机 AGC 调节。

（2）光伏、风机 AVC 调节。

（3）主变压器有载分接开关位置调节。

2.2.2 设备运维状态信息

新能源场站设备运维状态信息反馈新能源相关保护测控、稳定控制等二次设备运行状态信息，保障二次设备或系统的长期稳定运行。设备运维状态信息主要包括装置总览、二次设备状态监视、二次设备回路监视、设备智能巡检、装置信息查看等。

1. 装置总览

包含二次设备面板灯、软压板、硬压板、设备台账信息、保护动作、告警等信息展示和历史信息查阅，支持异常信号诊断定位及检修建议。

2. 二次设备状态监视

包含装置通信状态监视、装置运行信息监测（内部工作电压、温湿度、光口光强等），以及装置版本、校验码等信息。

3. 二次设备回路监视

包含过程层虚实回路展示，如虚端子连线、虚端子数据值，以及装置间端口连接关系等展示，诊断虚实回路状态，并给出检修建议，支持间隔层装置间光纤物理回路连接关系展示及物理回路状态诊断。

4. 设备智能巡检

支持定时自动及手动方式巡检保护装置的多种信息，包括定值、软压板、信号、量测值等。

5. 装置信息查看

支持召、改装置定值、软压板，支持哈希定值文件的召唤及下装，支持召唤保护装置版本信息，支持录波文件及故障简报分析查看等功能。

》 2.3 运 行 监 测 设 备 《

2.3.1 测控及中低压多合一装置

变电站测控功能的实现方式经历了集中式和单元式两个阶段。1980 年代及以前，变电站的远动功能主要依靠集中式远程终端控制装置（Remote Terminal Unit，RTU）实现，通过变送器及一些数字接口电路对变电站二次系统的一些测量和信号进行采集，对采集量进行集中处理。RTU 装置按照功能分为遥信单元、遥测单元、遥控单元、遥调单元等。此类系统称为集中 RTU 模式，RTU 模式二次系统接线复杂，不利于维护和扩展。1990 年代初期，随着嵌入式处理器及网络通信技术的发展，集中式 RTU 向单元式测控及中低压多合一装置转变，按一次设备对象单独形成装置，完成一个设备间隔内的保护、测量与控制功能。这种面向对象、分层分布的系统模式大幅度地减少了二次连接电缆，减少了电磁干扰对传送信息的影响，具有更高的可靠性，并且易于使用、方便管理及维护，目前被大量应用。

本节以某型号中低压线路保护测控"多合一"装置为例介绍智能变电站保护测控技术实现方法。该型装置适用于 110kV 及以下电压等级线路间隔的保护、测控、计量及同步相量测量功能。既支持模拟量采样，又支持采样测量值（Sampled Measured Value，SMV 或 SV）数字采样，数字量输入接口协议为 IEC 61850-9-2。装置跳合闸命令和其他信号输出，既支持传统硬接点方式，也支持面向通用对象的变电站事件（Generic Object Oriented Substation Event，GOOSE）输出方式。

1. 硬件设计

装置硬件结构如图 2-3 所示。装置功能由多个中央处理器（Central

Processing Unit，CPU）配合实现，硬件主要包括主 CPU 模块、过程层接口模块、开入模块、开出模块、人机接口模块、电源模块等功能模块。

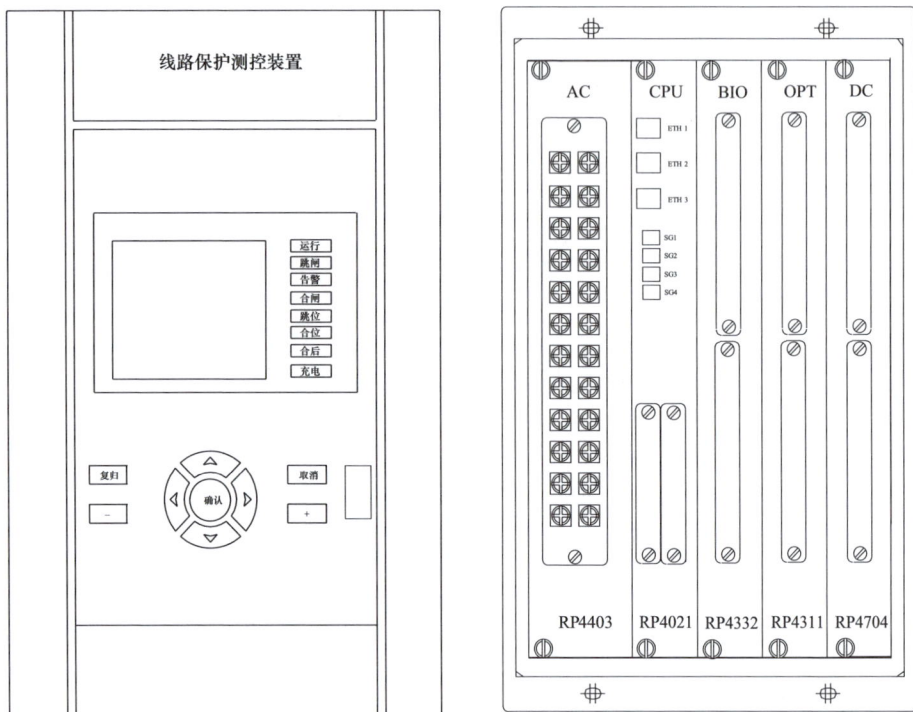

图 2-3 装置硬件结构

"多合一"装置的整机硬件结构如图 2-4 所示。

主 CPU 模块由管理 CPU 单元、数字信号处理器（Digital Signal Processor，DSP），即单元和可编程逻辑门阵列（Field Programmable Gate Array，FPGA）构成。管理 CPU 完成装置所有功能模块的管理及装置站控层的对外通信功能。DSP 单元完成装置的遥测、同步相量、电能计算功能，并对遥控、断路器同期操作进行逻辑判断。可编程逻辑单元实现装置对时守时及内部高速数据通信功能。

过程层接口模块完成与过程层合并单元、智能终端的通信，接收 IEC 61850-9-2 采样数据，收发 GOOSE 信息。

开入模块采集站内开关量信号，使用光电转换实现强弱电隔离。开出模块实现断路器、隔离开关的控制开出，遥控操作经启动、出口两级继电器，并实时对继电器状态进行返校。

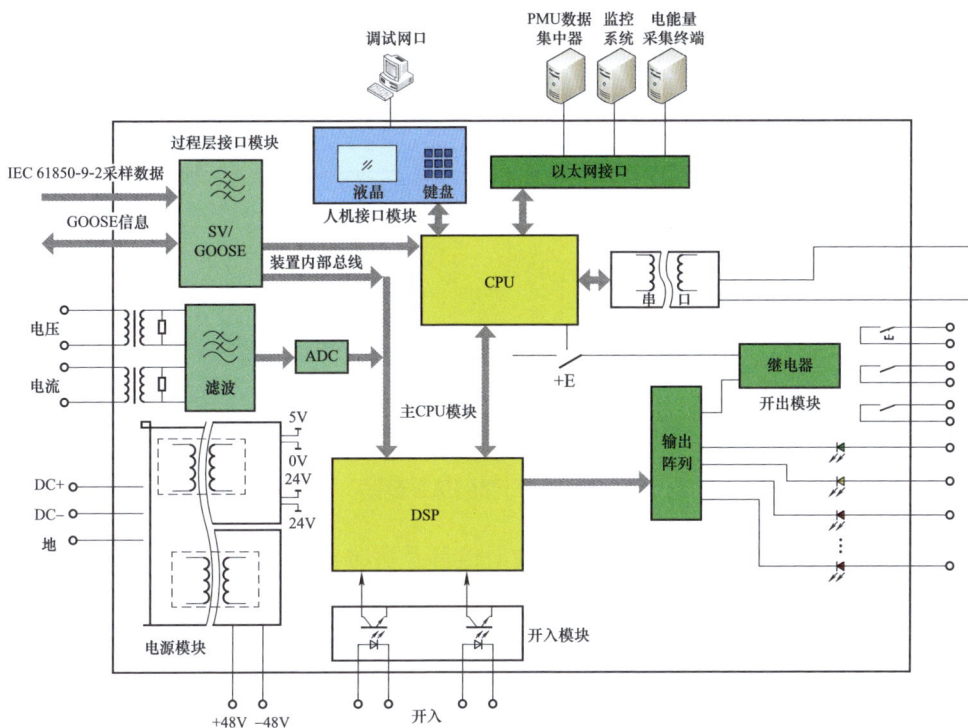

图 2-4　装置硬件框架

主控 CPU 板系统处理数据量大，业务模块丰富，支持光或电形式的以太网接口，设计高性能 CPU 系统是确保装置实现功能，满足性能的基础。装置选用的高速处理器加 DSP 处理器构建主 CPU 板，满足多种功能集成的数据运算和通信的需要。装置接收过程层 SV、GOOSE 数据的报文流量很大，需要设计专门的过程层接口模件完成该功能。装置通过可编程逻辑门阵列（Field Programmable Gate Array，FPGA）自主设计高速以太网收发模块，配合高速处理器实现过程层大流量报文的收发。

2. 通信机制

装置采用模块化的多 CPU 硬件架构，模块间存在交流采样数据、开关量数据、运算处理的中间数据等多种高速实时数据需要交换。因此需要设计一种高性能的通信平台，解决高速数据传输、大容量数据采样、数据采样同步等问题。推出的是目前在网络与通信领域应用非常广泛的一款微处理器芯片。高速的内核，连同集成的网络与通信外围设备，提供了一个建立高端通信系统的全新系统解决方案。以高性能处理芯片为基础进行扩充,通信总线框图如图 2-5 所示。

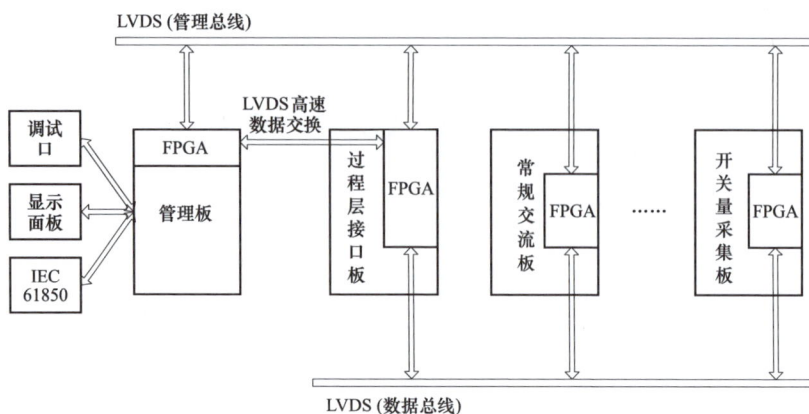

图 2-5 通信总线框图

管理总线负责传送配置信息、注册信息及实时检测等功能。检测原理采用节点拓扑方式,实时检测是否有新板件加入或原板件移除,以备数据库更新管理。数据总线负责将从板信息实时传送给主板,由其进行统一管理和逻辑运算,同时从板也分担了一些主板的运算逻辑,既减少了主板的负担,又降低了数据交换流量。

装置内部通信主要采用低电压信号差分技术(Low-Voltage Differential Signaling,LVDS),实现采样数据、开入开出、信号同步等实时性较高的数据传输。LVDS 总线分为发送总线和接收总线,物理上都由一对差分线构成,实现点对点全双工通信,通信速率为 100Mbit/s,LVDS 总线中数据交换的过程如下:FPGA 将 LVDS 串行数据经串并转换后写入 FPGA 中的接收缓存区,CPU 通过自身并行总线访问接收缓存区获取接收数据。CPU 通过自身并行总线将要发送的数据写入 FPGA 中的发送缓存区,FPGA 从发送缓存区中取到数据后进行并串转换后通过 LVDS 总线发送。LVDS 总线收发过程如图 2-6 所示。

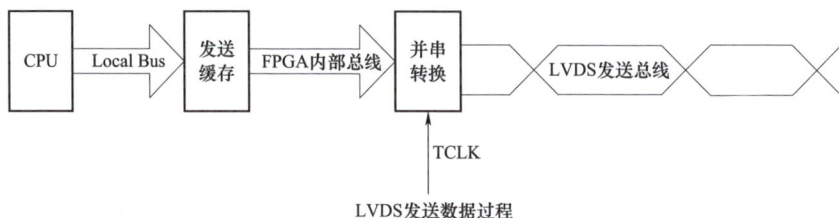

图 2-6 LVDS 总线收发过程

3. 多种量测的综合采集

变电站自动化系统测取的模拟量主要有交流电压 U、交流电流 I、有功功率 P、无功功率 Q、功率因数 $\cos\phi$、频率 f 等。目前变电站中电压、电流等电气量普遍采用交流采样技术。所谓交流采样技术，就是通过对互感器二次回路中的交流电压、电流信号直接采样，通过对其进行数模转换变换为数字量，再对数字量进行计算，从而获得电压、电流、功率、频率、电能等电气量值。变电站中过程层电子互感器和合并单元的应用，间隔层保护、测控设备的交流采样回路前移，采用数字化、网络化的方法实现交流采样，但从技术原理的角度没有根本性的改变。与传统的采样方式相比，数字化、网络化的采样在提高信息共享程度的同时也带来了一些新问题，需要采取新的技术手段予以解决。

（1）高精度的同步采样。变电站中合并单元集中采集传统或电子式互感器输出的交流量，再根据 IEC 61850-9-2 采样值传输标准组帧后通过网络发送至相关装置。如图所示。合并单元接受时钟对时，输出与对时脉冲精确同步的采样脉冲，实现数据的同步采样。为保证全站采集数据的同步，其采样脉冲与对时脉冲始终保持同步。与传统测控装置不同，当系统频率出现波动时，变电站测控装置无法通过调整采样频率实现频率跟踪采样。为了满足整周期采样，减小频谱泄漏和栅栏效应带来的误差，就需要对合并单元上送的采样值进行软件处理。另外，目前合并单元采样频率为 80 点/周波。而测控装置多采用傅里叶算法进行计算，采样率一般是 32 点、64 点等，两者并不相等。为了不改变原来装置成熟的算法，需要对接收到的合并单元采样值进行重采样。拉格朗日（Lagrange）插值法原理简单、运算快速、实时性高，在变电站智能电子设备（Intelligent Electronic Device，IED）数据重采样中得到广泛应用。

（2）多元量测的数据共享。要对多种量测功能进行整合集成，实现单装置对多元量测数据的同步采集，需要对多种量测功能的共性技术进行提炼，对量测功能的数据采集、运算处理等环节进行融合优化，形成统一的数据接口，以及实时的任务调度。

交流量采样处理数据流如图 2-7 所示，通过统一的数字模拟转换（Digital-to-Analog，AD）采样模块按照 4000Hz（80 点/20ms）的采样率进行采样，将数据缓存后采用频率跟踪重采样技术进行统一处理。

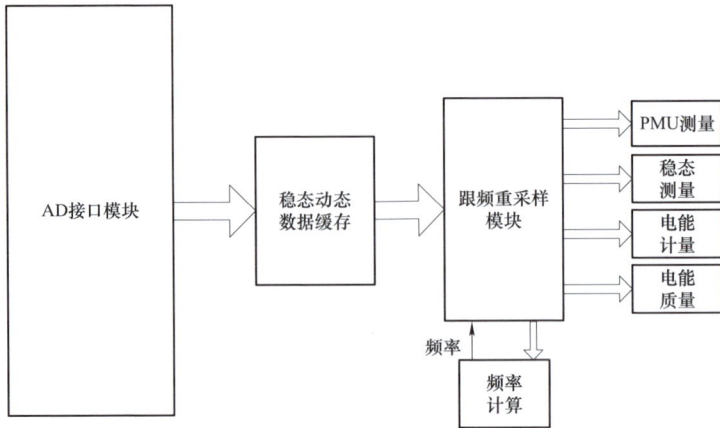

图 2-7　交流采样原理

将 80 点/20ms 数据抽取成 64 点/20ms，再采用快速傅里叶变换进行运算处理，得到电压、电流的有效值和功率等量测值，以及同步相量的幅值相角及各次谐波分量和各种电能质量统计值。频率跟踪重采样保证了系统频率在一定范围内波动时始终保证整周期采样，减小频谱泄漏误差。当频率计算的分辨率足够高时，就能够满足同步相量高密度数据同步的要求。电能计量可以采用时域积分法也可以采用频域计算法，为了抑制谐波对计量精度的影响，并且利用稳态计算的中间结果，一般采用频域计算法进行电能计量。

对几种功能量测数据的共享是指通过对多种量测功能的测量结果或中间运算数据进行共享使用，减少整个装置的冗余计算，提高装置的处理效率，并实现测量结果的优化。

装置进行统一的采样及异常处理。采用高精度算法进行频率计算，频率测量的精度满足多种功能中最高的精度指标要求，频率测量的结果可提供给所有的功能模块使用。以上的多种功能均可通过傅里叶算法进行计算，对各采样通道的傅里叶计算进行集中处理。稳态遥测计算得到的精确的电压、电流、功率等量测数据可提供给同步相量测量装置（Phasor Measurement Unit，PMU）、电能计量、电能质量监测等功能模块使用，如 PMU 测量的动态数据可结合稳态遥测数据进行精度校核，动态事件可结合稳态测量电压、电流有效值进行判断；电能计量可使用稳态计算的功率结果进行等时间间隔累加，得到所需的电度量，各种计量的事件也可直接使用稳态计算结果判断产生。

（3）电能计量。对于正弦周期的电压、电流信号，其平均有功功率、无功功率定义如下：

$$P = UI \cos \phi$$

$$Q = UI \sin \phi$$

式中：ϕ 为电压与电流间的相位差。

则对应的有功电能和无功电能分别为：

有功电能：$E_P = \int P \mathrm{d}t$

无功电能：$E_Q = \int Q \mathrm{d}t$

电能计量功能就是要计算出电力系统中负载消耗的电能并反映负载的功率，具体可以划分为正向有功总电能、正向有功分相电能、反向有功总电能、反向有功分相电能、四象限无功总电能。在对电能进行统计的同时还对可能造成电能计量误差的异常事件进行监视，生成相应的事件，并对电能数据进行冻结。主要的计量事件包括：全失压、相失压、断相、失流、掉电等，事件发生时冻结当时电能。

（4）状态量采集。变电站测控装置采集的状态量信号，即远动所称的遥信量，反映的是变电站一次设备的运行状态、控制设备的动作信号及报警信号等信息，调度员以此为依据确定设备工况并决定是否进行操作。其信息的正确与否直接影响系统的运行方式、自动化设备的正确动作和调度人员的决策，对电网的正常运行具有重要意义。

测控装置对遥信量采集的原理是硬件上先对信号输入进行光电隔离变换，将强电的通断信号转换为数字量的"0""1"电平，然后进行定时采样处理。遥信采集原理如图 2-8 所示。

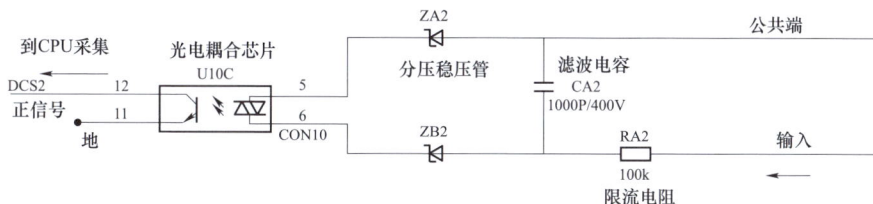

图 2-8 遥信采集原理

图 2-8 中外部输入的强电开入信号经过滤波、分压、限流处理后驱动光电耦合器件，经光耦隔离后转换为装置 CPU 可采集的数字信号送至 CPU 进行采集。测控装置检测到遥信量发生改变时，进行记录并打上时标，形成事件顺序记录

（Sequence of Events，SOE）。

目前数据采集与监视控制（Supervisory Control And Data Acquisition，SCADA）系统中存在的一个很大问题是遥信误报，遥信误报不仅使调度人员对遥信变位的正确反应产生怀疑，久而久之还会对 SCADA 系统产生一种不信任感及麻痹心理，严重地影响电网调度运行。SCADA 系统的遥信误报的产生原因是多方面的，如设备现场安装时对大地的接线有问题、通道传输过程问题等，但装置对状态量信号处理不当也是其中一个主要原因。

目前变电站测控装置大量采用 GPS 脉冲对时，对时精度得到保证，同时装置的 SOE 分辨率已经不大于 2ms。这些都提高了 SOE 事件分辨能力，保证 SOE 信息的真实性。但是，由于信号触点变位时一般会发生抖动，国家标准 GB/T 13729—2002《远动终端设备》中仅规定状态量"输入回路应有电气隔离和滤波，延迟时间为 10ms～100ms"，对 SOE 时标应打在信号抖动之前还是抖动之后没有规定。各设备生产厂家对接点抖动普遍进行了滤波，可是对滤波后 SOE 时标的处理却不尽相同，这就造成不同设备间的 SOE 时标的系统误差远远大于 SOE 分辨率，使 SOE 分辨率失去意义，并可能造成对事件顺序的错误判断。

目前国内许多远动装置对遥信一般都设一个遥信去抖滤波时间 T_d。T_d 的物理意义是信号（如继电器触点）抖动的最长时间，T_d 一般取几毫秒至数百毫秒。遥信去抖滤波方案基本相同，都是将小于设定时间 T_d 内的信号重复动作视为虚假遥信信号而滤去。如果在遥信瞬时变位后，信号经过一段时间抖动，变化到新的状态，装置将确定发生一次遥信事件，并打上发生时间的时标，形成一次 SOE 事件。

4. 控制输出技术

执行调度或当地监控系统的操作命令，对断路器、隔离开关等设备进行分、合操作是变电站测控装置的基本功能。控制的安全性始终是首要考虑的问题，控制出口应具备极高的可靠性，一方面能在装置正常工作时正确动作，另一方面应能在装置异常时不误出口。控制输出的继电器一般需要经过光耦隔离，其输出回路应经过启动和出口两级继电器驱动。遥控接口电路如图 2-9 所示。

图 2-9　遥控接口电路

每一次遥控操作必须经过遥控选择、返校、执行几个步骤，确保遥控操作的正确。当进行遥控选择时，装置判断通信总线上的遥控命令是否发送给本装置的控制对象，若是，则闭合相应对象的启动继电器，并进行继电器返校，如果返校正确，同时收到合闸或分闸执行命令，再闭合合闸节点或分闸节点动作出口。

5. 多功能统一建模

装置实现一个间隔的多种保护、量测及控制功能，为了提供多种功能的标准化接口，需要对多种功能进行统一建模。对一台装置建立一个 IED 对象，该对象是一个容器，包含 server 对象，对象中包含多个逻辑设备（LD），每一个逻辑设备（LD）包含逻辑设备的公共数据（LLN0）、设备铭牌（LPHD）和其他应用逻辑节点。服务器描述了一个设备外部可见（可访问）的行为，服务器下建立若干访问点（AccessPoint）。该访问点体现通信服务，与具体物理网络无关，建立三个访问点，访问点名称如下：

站控层访问点（站控层通信及站控层 GOOSE 通信）：S1。

过程层（GOOSE）通信：G1。

过程层（SMV）通信：M1。

每个访问点下建立多个逻辑设备，按照实现的功能种类划分建立多个逻辑设备（LD），多功能测控装置按照实现的功能在不同的访问点下建立多个逻辑设备，逻辑设备的建模如下：

S1 访问点下逻辑设备（LD）：PROT（保护）、MEAS（测量）、CTRL（控制和信号）、PQM（电能质量）、PMU（同步相量测量）、METR（电能计量）、LD0（公用）。

M1 访问点下逻辑设备（LD）：PISV（合并单元）。

G1 访问点下逻辑设备（LD）：PIGO（过程层 GOOSE 通信）。

每个逻辑设备（LD）下建立多个逻辑节点（LN），逻辑节点是通信的最小功能单元，每一个逻辑节点（LN）包含该功能单元的所有数据和属性。DL/T 860.74 标准中定义了通用的逻辑节点模型。

2.3.2　快速功率控制装置

快速功率协控装置是一种电力自动控制设备，通过接收电力系统的控制信号，实现对发电机输出功率或电力系统中其他可调节元件的精确控制。它能够在电力系统遭受突发负荷变化时，快速响应并调整输出功率，防止系统过载，提高电力系统的稳定性和可靠性，实现多形态能源的数字物理融合和就地协同自治。

新能源发电，如风电光伏等，具有显著的间歇性和不确定性，这种特性导致新能源发电的出力难以预测和控制，给电力系统的功率平衡和稳定控制带来了巨大挑战。快速功率协控装置能够实时采集电力系统的各项运行参数，判断当前系统的功率平衡状态，以及是否存在潜在的失稳风险。同时能够接收来自调度或自动控制系统的控制指令，迅速调整电力设备的输出功率，实现功率的快速调节，平滑新能源出力的波动性，提高可再生能源的并网能力和电网的稳定性。

1. 工作原理

（1）实时监测：装置实时监测新能源发电设备的运行状态和出力情况，包括风速、光照强度、发电量等关键参数。

（2）数据分析：利用内置的高性能处理器和先进的控制算法，对监测到的数据进行分析和处理，评估新能源发电的实时出力和预测未来一段时间内的出力趋势。

（3）接收指令：接收来自电力系统调度中心或自动控制系统的控制指令，这些指令通常包括目标功率值、调节速率等。

（4）快速调节：根据分析结果和控制指令，快速功率协控装置迅速调整新能源发电设备的输出功率，以实现对电力系统功率的快速调节和平衡。

2. 应用场景

（1）风力发电：在风力发电场中，快速功率协控装置可以根据风速变化快速调整风力发电机的输出功率，避免因风速波动导致的电网电压和频率波动。装置还能在风速过高或过低时自动切机保护，确保风力发电设备的安全运行。

（2）光伏发电：光伏发电受光照强度影响大，快速功率协控装置可以根据光照强度的变化快速调整光伏电池板的输出功率，保持电网的稳定运行。在阴雨天或夜晚等光照不足的情况下，装置还能与储能系统配合，实现电能的储存和释放，提高光伏发电的可靠性和经济性。

（3）技术特点与优势分析。

1）响应速度快：装置采用高性能处理器和先进的控制算法，能够在极短的时间内响应控制指令，实现功率的快速调节。

2）控制精度高：通过高精度传感器和实时数据分析，装置能够精确控制发电机输出功率，满足电网对功率平衡和稳定控制的高要求。

3）适应性强：装置能够适应不同电力系统的需求，在火力发电、水力发电、核电及新能源发电等多种场景下均能发挥重要作用。

4）智能化程度高：随着人工智能和物联网技术的发展，快速功率协控装置将向智能化方向发展，实现更高级别的自主控制和优化调节。

2.3.3　时钟同步装置

时间同步系统是为中国电网的各级调度机构、发电厂、变电站、集控中心等提供统一的时间基准，以满足各种系统（调度自动化系统、能量管理系统、生产信息管理系统、监控系统等）和设备［继电保护装置、智能电子设备、事件顺序记录（SOE）、厂站自动控制设备、安全稳定控制装置、故障录波器等］对时间同步的要求，确保实时数据采集时间一致性，提高线路故障测距、相量和功角动态监测、机组和电网参数校验的准确性，从而提高电网事故分析和稳定控制的水平，提高电网运行效率和可靠性，适应中国大电网互联，特高压输电，智能化变电站的发展需要。

2.3.4　同步相量装置

同步相量测量装置多利用高精度同步时钟信号和高速 DSP 数字信号处理技术，实时、精确地测量出全电网各节点电压相量、电流相量、发电机内电势、发电机功角、功率、频率、频率变化率、直流控制信号量、开关量状态等电气特征数据，并在线实时监测电网低频振荡、次同步振荡等异常运行状态，为全系统电网广域监测、变电站自动化测控、稳定控制、自适应继电保护等功能提供必要的原始数据和实现手段。

目前国内国际相关技术规范有 GB/T 26865.2—2011《电力系统实施动态监测系统第 2 部分：数据传输协议》、DL/T 280—2012《电力系统同步相量测量装置通用技术条件》、C37.118.1—2011《IEEE Standard for Synchrophasor Measurements for Power Systems》、C37.118.2—2011《IEEE Standard for Synchrophasor Data Transfer for Power Systems》等标准。

相量测量技术的发展得益于成熟的卫星授时技术。对于广域电力系统，相量测量技术能够使异地的电力信号在同一参考坐标系下进行对比分析。电力信号并不完全是基波信号，而是由多个频率成分的信号混合而成。对基波信号测量相量过程中，将会涉及防混叠和防泄漏技术。相量数据集中器主要作用是对厂站内的同步相量数据做汇集、对齐、存储等操作。

2.3.5　电能质量监测装置

现代社会中，电能是一种最为广泛使用的能源，其应用程度是一个国家发展水平的主要标志之一。随着中国智能电网的飞速发展，以及用户对电能质量越来越高的要求，网络化、信息化、标准化、智能化将成为电能质量监测发展的必然趋势。为了保护电网的安全运行和用户的安全用电，迫切需要加强对电网电能质量进行监测和综合分析，依照国家标准采用相关统计方法进行在线评估，将电能质量指标参数供给广大电力工作者、用户及决策领导层进行分析应用，以掌握电网的电能质量水平与状况，对电能质量事件及时采取防范措施，如限制强干扰源等，从而确保电力系统的安全、可靠、经济运行，保护电力用户的合法权益。

电能质量监测技术是研发电能质量监测装置、开展电能质量测量的理论基础。国际电工委员会在 2003 年颁布了 IEC 61000−4−30《Electromagnetic compatibility（EMC）−Part 4−30：Testing and measurement techniques−Power quality measurement methods》，逐步引导一个国际化的电能质量测量标准。随着测量技术的发展和对电能质量参数测量认识的深入，该组织于 2015 年重新颁布了该标准的第三版；中国国家标准化委员会以 GB/T 17626.30—2012《电磁兼容试验和测量技术电能质量测量方法》等同采用了该标准。

2.3.6　设备信息安全管理

1. 信息安全分区

变电站安全分区是保障电力系统安全稳定运行的重要措施，通常依据相关标准和实际业务需求，划分为生产控制大区和管理信息大区，每个大区又进一步细分，网络信息安全分区结构如图 2−10 所示。需要配置的防护包括：

（1）横向边界防护：生产控制大区和管理信息大区之间部署电力专用横向单向安全隔离装置，防止非法网络访问，保障生产控制大区安全。配置正向、反向隔离装置各 1 台。

（2）区域间防护：控制区（安全区Ⅰ）与非控制区（安全区Ⅱ）之间采用具有访问控制功能的网络设备、硬件防火墙或相当功能的设备，实现逻辑隔离、报文过滤和访问控制。110kV 及以上配置横向防火墙 2 台，110kV 及以下配置横向防火墙 1 台。

（3）纵向边界防护：生产控制大区系统与调度端系统通过电力调度数据网远程通信时，采用认证、加密、访问控制等技术，确保数据安全传输和纵向边界安全。加密认证装置配置 4 台。

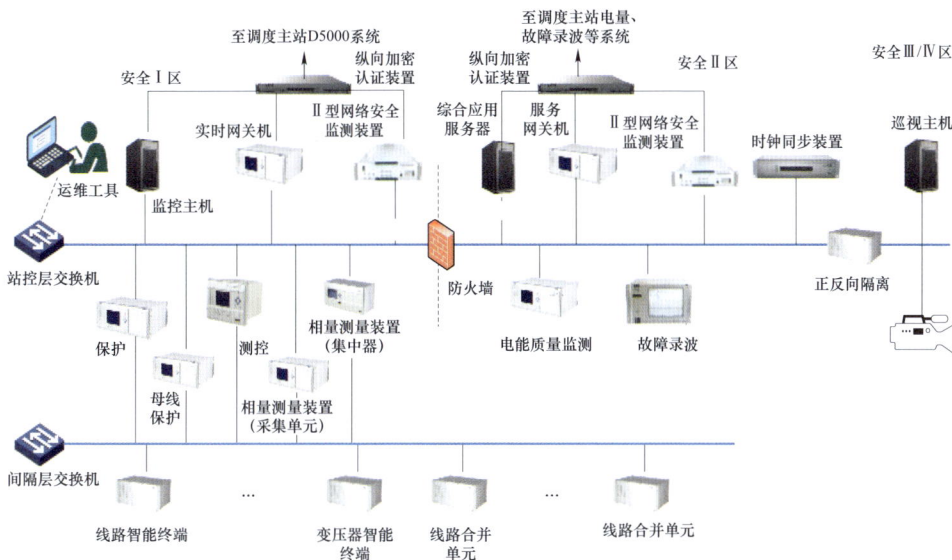

图 2-10 安全分区

2. 网络安全监测

变电站涉网区域部署Ⅱ型网络安全监测装置，采集服务器、工作站等设备的网络安全事件信息，分析后上报至调度主站网络安全管理系统。主机类探针软件宜采用监控厂商原厂开发，确保业务兼容性，网络安全监测结构如图 2-11 所示。

若变电站安全Ⅰ/Ⅱ区内部署防火墙，在安全区Ⅱ配置 1 台Ⅱ型网络安全监测装置，安全区Ⅰ相关设备的数据通过防火墙传至安全Ⅱ区；若未部署防火墙，则在安全区Ⅰ、Ⅱ各配置 1 台。

3. 纵向加密装置

（1）通用软件加密算法技术：

1）对称加密算法。电力监控系统纵向加密认证所采用的对称加密算法，其主要分为电子密码本（Electronic Code Book，ECB）算法模式和加密块链（Cipher

Block Chaining，CBC）算法模式。其中 ECB 模式用于纵向加密认证与装置管理中心之间的数据加解密，CBC 模式用于业务系统之间数据的加解密。

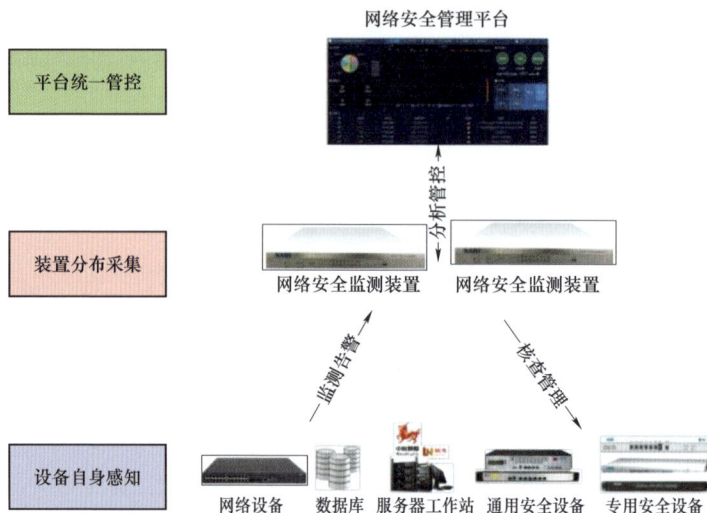

图 2-11 二次设备网络安全监测结构

电子密码本模式的原理是将加密的数据分成若干组，每组的大小跟加密密钥长度相同，然后每组都用相同的密钥进行加密。对称加密算法如图 2-12 所示。

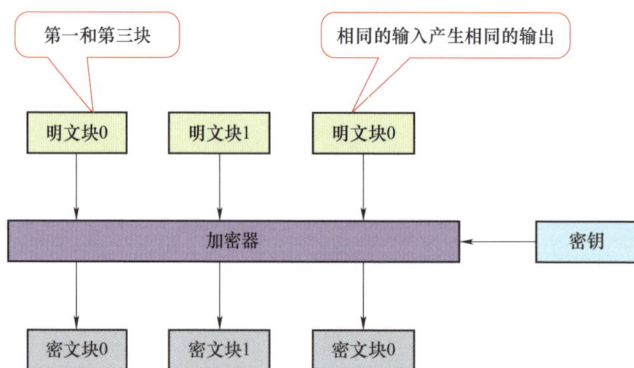

图 2-12 对称加密算法

加密块链模式首先也是将明文分成固定长度的块，然后将前面一个加密块输出的密文与下一个要加密的明文块进行异或操作，将计算结果再用密钥进行加密得到密文。第一明文块加密的时候，因为前面没有加密的密文，所以需要一个初始化向量。与 ECB 模式不同，CBC 模式通过连接关系，使得密文跟明文不再是一一对应的关系，破解起来更困难，避免了 ECB 模式无法隐藏明文的弱点。加密块链模式如图 2-13 所示。

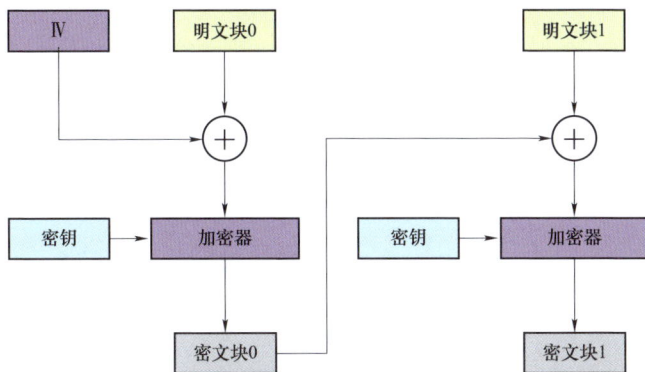

图 2-13 加密块链模式

2）非对称加密算法。电力监控系统纵向加密认证所采用的非对称算法主要为 RSA 加密算法（Rivest-Shamir-Adleman，RSA）和商用密码 2 号算法（简称 SM2），主要用于纵向加密认证装置之间的密钥协商。

RSA 是目前国际应用较为广泛的公钥加密算法，SM2 是国家密码管理局发布的椭圆曲线公钥密码算法。随着密码技术的发展，有关部门提出需逐步采用 SM2 椭圆曲线算法代替 RSA 算法，满足密码产品国产化要求。RSA 与 SM2 算法比较如表 2-7 所示。

表 2-7　　　　　　　　　　RSA 与 SM2 算法比较

比较项	RSA	SM2
标准规范	国际算法	国密算法
是否公开	是	是
安全性	中（2010 年后，1024 位的 RSA 被认为安全性不足）	高（SM2 强度比 2048 位的 RSA 更高）
运算速度	慢	较 1024 位 RSA 快很多

（2）高性能电力专用硬件加密技术。电力监控系统纵向加密认证同时采用了国家密码管理局自主研制开发的高性能电力专用硬件密码单元，该密码单元采用电力专用密码算法，支持身份鉴别，信息加密，数字签名和密钥生成与保护。为了保证密钥和密码算法的安全性，纵向加密认证装置的密钥及算法仅存

在于系统密码处理单元的安全存储区中，与应用系统完全隔离，不能通过任何非法手段进行访问。电力专用硬件密码单元在国家密码管理局指定的研究机构完成硬件生产后，由国家密码管理局完成关键参数灌注，并严格限制其销售渠道。密码单元的安全保密强度及相关软硬件实现性能定期经国内专家进行评审，确保其安全性。

4. 防火墙装置

防火墙是一种网络安全设备，通常部署在不同网络或不同安全域之间，用于实现不同网络之间或不同安全域之间的访问控制。它通过制定安全策略，限制外部用户对系统资源的非授权访问，同时也限制内部用户对外部系统的非授权访问。电力二次系统防火墙通常部署在实时网络Ⅰ区网络与非实时网络Ⅱ区网络之间，在应对分布式拒绝服务攻击（Distributed Denial of Service，DDoS）攻击、结构化查询语言（Structured Query Language，SQL）注入、跨站脚本（XSS）等方面扮演着至关重要的角色。通过科学的配置原则和有效的安全策略制定，可以显著提升电力二次系统的安全性，抵御各种网络攻击，确保电力系统的稳定运行，主要功能如下：

（1）流量过滤。防火墙通过设定的规则来过滤进出网络的数据包，允许合法流量通过，阻止可疑或恶意流量。

（2）访问控制。防火墙控制对重要系统和设备的访问，确保只有授权用户才能访问特定资源。

（3）网络监控。监控网络流量，识别异常行为和潜在攻击，及时响应安全事件。

（4）记录和审计。防火墙会记录所有进出网络的流量信息，便于后续的审计和分析。

5. 单向隔离装置

电力专用横向单向隔离技术是生产控制大区与管理信息大区之间进行数据交互的必备边界防护措施，是横向防护的关键技术。网络隔离技术的核心是物理隔离，并通过专用硬件和安全协议来确保两个链路层断开的网络能够实现数据信息在可信网络环境中进行交互、共享。

（1）单向传输技术。物理隔离的技术架构建立在单向安全隔离的基础上。内网是安全等级高的生产控制大区，外网是安全等级低的管理信息大区。当内网需要传输数据到达外网的时，内网服务器立即发起对隔离设备的数据连接，隔离设备将所有的协议剥离，将原始的纯数据写入高速数据传输通道。根据不同的应用，对数据进行完整性和安全性检查，如防病毒和恶意代码等，如图 2－14 所示。

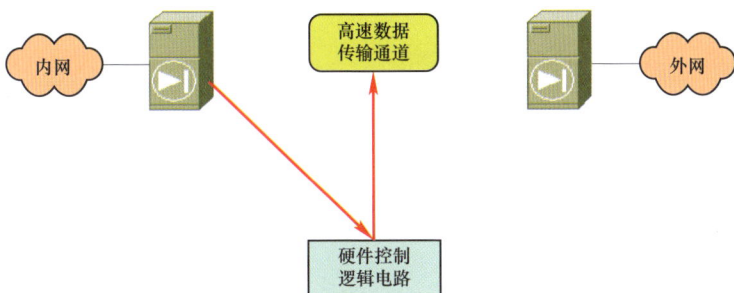

图 2－14　单向传输流程 1

一旦数据完全写入安全隔离设备的单向安全通道，隔离设备内网侧立即中断与内网的连接，将单向安全通道内的数据推向外网侧，外网侧收到数据后发起对外网的数据连接，连接建立成功后，进行网络通信协议（Transmission Control Protocol/Internet Protocol，TCP/IP）的封装和应用协议的封装，并交给外网应用系统，如图 2－15 所示。

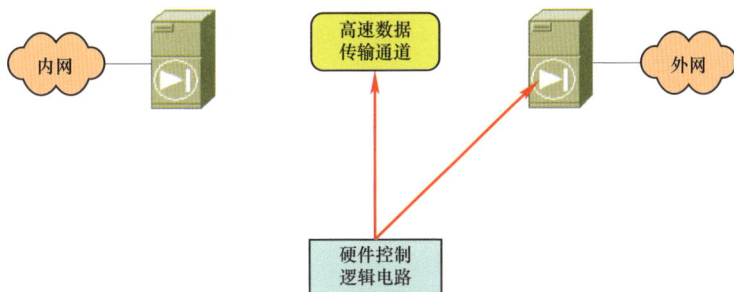

图 2－15　单向传输流程 2

在硬件控制逻辑电路收到完整的数据交换信号之后，安全隔离设备立即切断与外网的直接连接。当外网的应答数据需要传输到内网的时候，需要通过隔离装置的专用反向安全通道进行数据摆渡，传输原理与上述相同。

（2）割断穿透性 TCP 连接协议技术。采用专用协议栈，割断了穿透性的 TCP 连接。自定义的专用协议栈是对 TCP 的状态、TCP 序列号、分片重组、滑动窗口、重传、最大报文长度等做了相应的改造，以提高实时性和安全性。割断穿透性 TCP 连接原理如图 2−16 所示，以正向安全隔离装置为例。将内网的纯数据通过单向数据通道发送到外网。

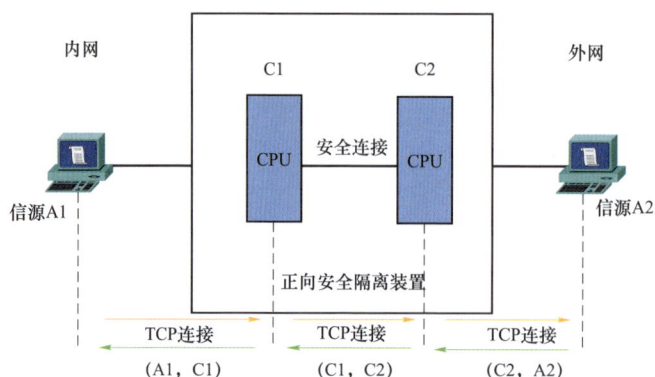

图 2−16　割断穿透性 TCP 连接原理

割断 TCP 连接的技术优点包括：① 透明性强，性能好，其在数据分析过程中的复制次数、内存资源的开销方面都优于普通操作系统的 TCP 协议栈；② 安全性强，修改 TCP 的不安全参数，增强安全控制；③ 稳定性强，采用自定义的协议栈实现数据的平滑传输。

（3）基于状态检测的报文过滤技术。采用基于状态检测技术的报文过滤技术，可以对出入报文的局域网地址（Media Access Control Address，MAC）地址、IP 地址、协议和传输端口、通信方向、应用层标记等进行高速过滤。状态检测技术采用的是一种基于连接的状态检测机制，将属于同一连接的所有包作为一个整体的数据流看待，构成连接状态表，通过规则表与状态表的共同配合，对表中的各个连接状态因素加以识别，连接状态表里的记录可以随意排列，提高系统的传输效率。因此，与传统包过滤技术相比，具有更好的系统性能和安全性，可以极大提高数据包检测效率。

报文过滤流程如图 2−17 所示，构建状态表和规则表，包 1 在装置状态表里留有记录数据流动作，装置检测到报文后直接判断丢弃或者转发；包 5 在装置状态表里无相关记录，需要进行规则表里面的检测后决定数据包丢弃或者转发。

6. 网络安全监测装置

网络安全监测装置的部署有助于电力监控系统安全防护体系由静态边界布防向纵深防御发展，实现采集变电站站控层和并网电厂涉网区域的服务器、工作站、网络设备和安防设备自身感知的安全数据及网络安全事件，在实现本地监视和管理的同时，将告警信息转发至调度机构部署的网络安全管理平台进行共同监视，对保障电网安全稳定运行具有重要意义。

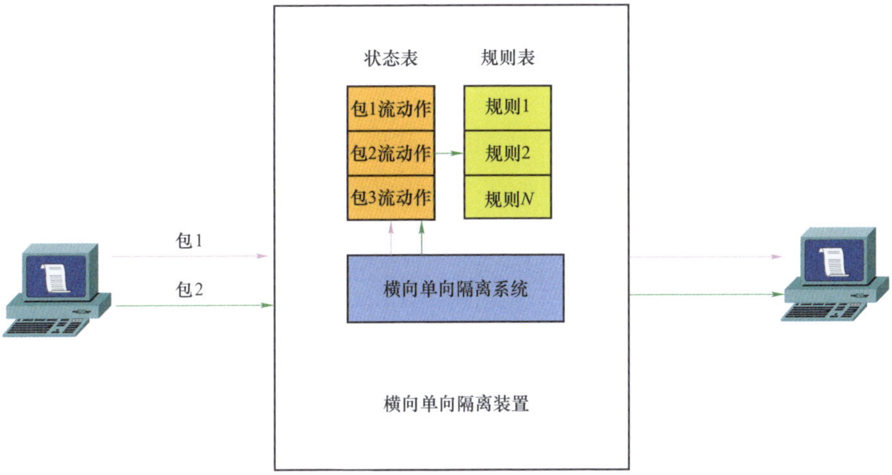

图 2-17 报文过滤流程

按照设备自身感知、监测装置分布采集、管理平台统一管控的原则，构建网络安全管理的感知、采集、管控三层逻辑结构平台。实现对厂站、配电、负控等监控系统相关设备网络安全数据采集，以及与管理平台的通信和交互。具体执行安全核查，实现网络安全在线实时监视、告警、分析、审计、核查等功能的集成。网络安全监测界面如图 2-18 所示。

图 2-18 网络安全监测界面

◈ 2.4 运行监测系统 ◈

2.4.1 综合自动化监控系统

计算机监控系统适合多种厂站端监控软件产品，多主机分布式结构的高压数字化变电站监控系统典型配置如图 2-19 所示。其中当地监控系统后台包括服务器 A/B、操作员工作站、五防工作站、管理工作站、Web 服务器、远动工作站A/B，保信子站系统及嵌入式通信设备包括通信管理机 A/B、规约转换器等多种产品，其中网络可以是单网配置，亦可以是双网配置。变电站内分为变电站层和间隔层。对 500kV、220kV 每一个间隔设置一通信单元，110kV 以下为一电压等级或几个电压等级设置一通信单元。通信单元负责收集该间隔的数据，再转发给计算机监控系统和远动机。通信单元负责两种网络之间报文的转换和对自身间隔层装置的查询。间隔层通信采用现场总线方式，通信单元和变电站层之间采用以太网通信。专门设置远动机，负责调度信息的收集和转发。

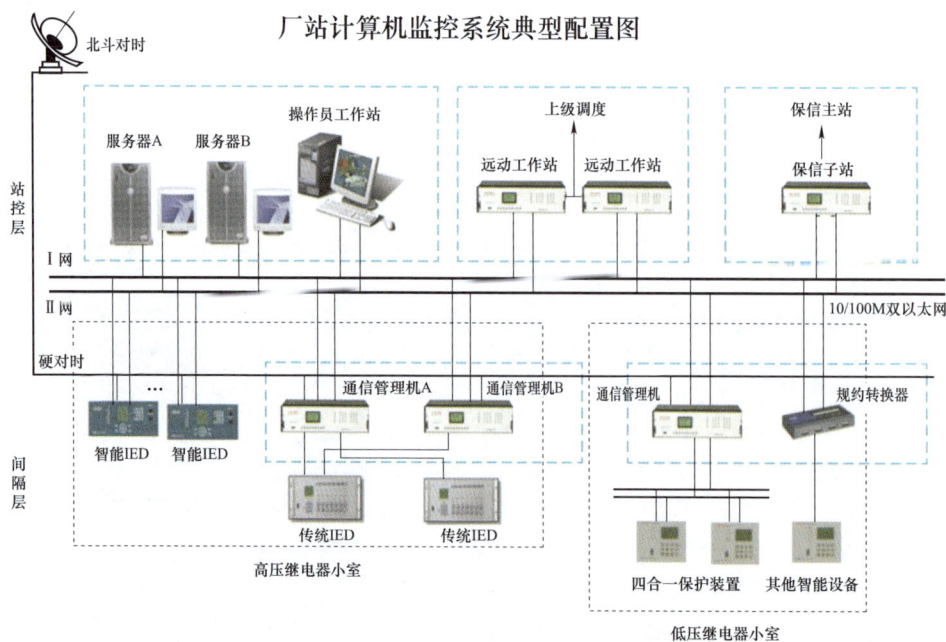

图 2-19 高压数字化变电站监控系统典型配置

1. 系统硬件配置

系统主网采用单/双 10/100M 以太网结构，通过 10/100M 交换机构建，采用国际标准网络协议。SCADA 功能采用双机热备用，完成网络数据同步功能。其他主网节点，依据重要性和应用需要，选用双节点备用或多节点备用方式运行。主网的双网配置是完成负荷平衡及热备用双重功能，在双网正常情况下，双网以负荷平衡工作，一旦其中某一网络故障，另一网就完成接替全部通信负荷，保证实时系统的 100%可靠性。

SCADA 服务工作站负责整个系统的协调和管理，保持实时数据库的最新最完整备份；负责组织各种历史数据并将其保存在历史数据库服务器。当某一 SCADA 工作站故障时，系统将自动进行切换，切换时间小于 30s。任何单一硬件设备故障和切换都不会造成实时数据和 SCADA 功能的丢失，主备机也可通过人工进行切换。

操作员工作站完成对电网的实时监控和操作功能，显示各种图形和数据，并进行人工交互，可选用双屏。它为操作员提供了所有功能的入口；显示各种画面、表格、告警信息和管理信息；提供遥控、遥调等操作界面。

前置通信工作站负责接收各厂站（或用户）的实时数据，进行相应的规约转换和预处理，通过网络广播给计算机监控系统机，同时对各厂站发送相应的控制命令。信息采集包括对 RTU（模拟量、数字量、状态量和保护信息）、负控终端等的采集。控制的功能包括遥控、遥调、保护定值和负控终端参数的设定和修改。双前置机工作在互为热备用状态，当其中一台工作站故障时，系统将自动进行切换。

远动工作站负责与调度自动化系统进行通信，完成多种远动通信规约的解释，实现现场数据的上送及下传远方的遥控、遥调命令。

五防工作站主要提供操作员对变电站内的五防操作进行管理。可在线通过画面操作生成操作票；在制作操作票的过程中，进行操作条件检测；可在画面上模拟执行操作票；系统可提供操作票模板，在生成新操作票时，只需对操作票模板中的对象进行编辑，就可生成一新操作票。系统还具有操作票查询、修改手段及将操作票按设备对象进行存储和管理功能。可设置与电脑钥匙的通信。

保信子站提供保护工程师对变电站内的保护装置及其故障信息进行管理维护的工具，对下接收保护装置的数据，对保护主站上送各种保护信息，并处理主站下发的控制命令。保信子站关心的信息包括保护设备（故障录波器）的参数，工作状态，故障信息，动作信息。

故障录波综合分析提供保护工程师故障分析的工具，作为事故处理、运行决策的依据。故障录波综合分析不仅分析录波数据，还综合考察故障时的其他信号、测量值、定值参数等，提供多种分析手段，产生综合性的报告结果。

2. 系统软件环境

（1）操作系统。监控系统支持 Linux 操作系统的多种发行版，主要有以下几种：红帽（Redhat）、凝思、麒麟、Debian 等。

（2）系统软件。数据库系统采用可以采用基本的二进制文件库、SQLite 或由用户指定的其他商用数据库等均可。系统采用面向对象的程序设计方法，采用了 Visual C++、GCC、Qt、JAVA 开发环境。采用报表和数据库组态工具，生成图文并茂的图形报表和组态界面。操作风格与微软公司的 Excel 完全兼容提供多媒体功能，具有语音报警和图像显示功能。

（3）系统应用功能结构。监控系统采用基于组件和面向服务体系架构（SOA），以支撑系统各节点内部及节点之间的信息完全共享、各种应用的分布式一体化实现，达到系统整体架构良好的灵活性与扩展性目标。为了确保开发的阶段性，系统采用"统一的基础平台+组件式模块"的构建模式，支持各类应用的即插即用，系统应用功能如图 2-20 所示。

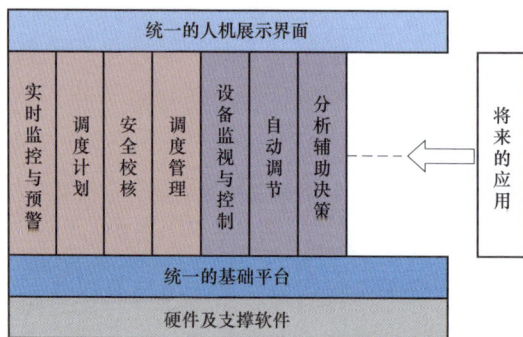

图 2-20　系统应用功能

监控系统的各类应用构建在基础平台之上，包含了各类应用功能和服务。在调度端，应用架构应包含电网实时监控、调度计划、安全校核和调度管理等四类核心应用的所有业务；在变电站端，除了包含原有设备监视与控制、自动调节、分析辅助决策等变电站端系统功能外，还应包括与调度系统之间进行协调控制的分布式处理类应用。

（4）数据远传技术。监控系统的通信对象所采用通信标准非常广泛，从 IEC 61850 到 IEEE 1344，从 IEC 104 到 Modbus，即使同是 IEC 104 规约在不同的地域也有不同的需求差异，需要基础平台的通信功能具备广泛适应性。广泛适应性还体现在通信介质的多样性上。新型远动机需要支持当前所有主流的通信介质，如 RS232/422/485，CANBUS，通信光纤，以太网及 USB 接口。通信介质的多样性，必然增加通信驱动程序管理的复杂性，同时也加大通信程序的开发难度。为此，建立框架式的通信规约库，框架平台提供一个统一的抽象链路层，由该层统一管理各种驱动程序，并对外提供一个统一的描述符。因此，通信程序的开发完全可以忽略通信介质的类型，而各个驱动的硬件参数，都是由组态工具对统一抽象的通信链路层进行组态设置，与具体的应用规约程序无关，极大地方便了通信协议程序的开发。数据远传原理如图 2-21 所示。

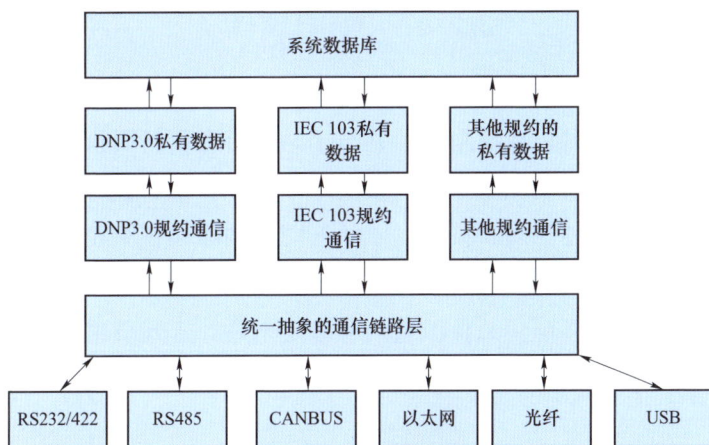

图 2-21 数据远传原理

（5）人机界面接口技术。集成框架通过提供统一的图形资源访问与调用接口将被集成系统中的图形资源集成到图形平台中。集成框架支持图元定制、图元集成与图形集成。图元定制是将调变一体化系统中的普通图元通过配置的方式实现在框架系统中的绘制与管理；图元集成是将调变一体化系统中的复杂图元（表单、曲线与仪表盘等）通过集成接口集成到框架的图元库中；图形集成则是将调变一体化系统中的界面资源（图形窗口、工具条、菜单等）作为一个整体集成到图形平台中。

界面集成统一框架满足不同层次的图形集成需求，实现被集成的界面和图形平台之间的无缝对接。人机接口界面如图 2-22 所示。

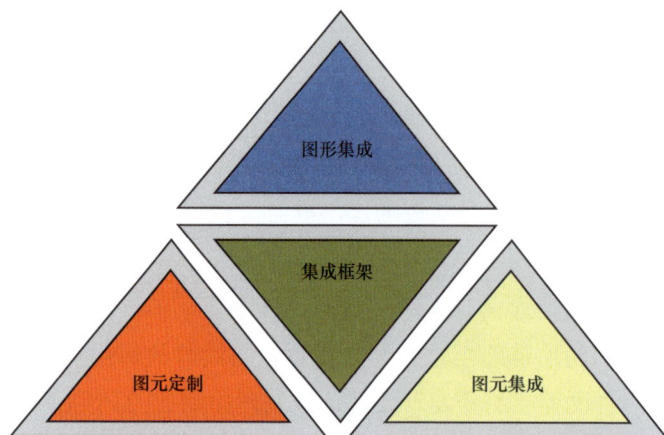

图 2-22　人机接口界面

（6）顺序控制技术。顺序控制总体技术路线，以子站现场操作的典型票为原本，由主站调用子站后台典型票，并与子站后台之间按票执行，根据主子站防误系统之间原理、防误侧重点与范围的不同，以及数据信息颗粒度及实时性差异，利用主站全网拓扑防误校验与子站五防规则防误校验相结合，彼此之间互为补充，提高远方操作安全性。主子站间以字符串"控制对象名称+状态变化"为唯一关键字进行全匹配。总体改造内容涉及主站、子站及主子站通信规约的改造。顺序控制流程如图 2-23 所示。

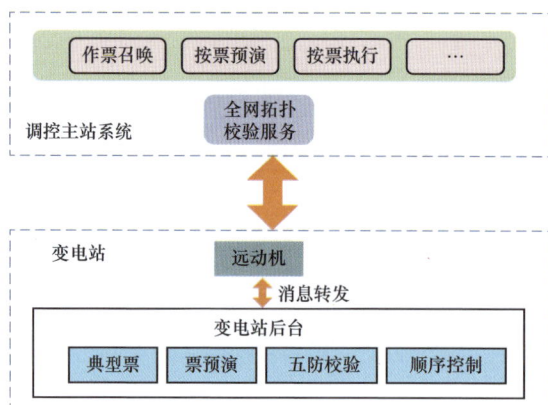

图 2-23　顺序控制流程

2.4.2 AGC/AVC 系统

新能源场站 AGC/AVC 系统，主要针对电网辅助服务（调峰、调频等）、新能源集中式并网和分布式发电及微网等储能应用场合，支持全 61850 体系架构，提倡全站无规转，提升电站控制速度和效率，便于建设和维护。此外，AGC/AVC 系统根据储能电站的容量大小和用户对全站数据的要求，提供集中式解决方案和分层式解决方案，解决储能电站大数据存储和核心数据精确快速控制的矛盾。

1. 自动发电控制（AGC）

自动发电控制（Automatic Generation Control，AGC）系统一般由调度侧的主站和场站侧的子站组成，两者通过电力调度数据网通信，本系统为 AGC 子站。AGC 子站的主要控制对象是场站内的风、光、储等发电设备，通过接收调度主站发送的控制指令，根据并网考核点实时功率和被控发电设备实时运行状态，将调度指令进行合理分配，并下发至被控设备。同时将发电设备、电站运行状态等信息上送至调度主站。AGC 模块主要包括 AGC 调控交互功能、AGC 闭环控制、AGC 变化率控制、场站能量管理等功能。

AGC 子站与调度交互的功能逻辑如图 2-24 所示，主要包括四个方面：

（1）指令接收，AGC 主站指令下发周期为秒级或分钟级，兼顾考虑平台性能、响应时间和 AGC 主站指令分钟级下发周期的要求，AGC 子站调控交互模块以百毫秒时间间隔检测并接受调度主站指令。

（2）数据上送，根据和调度约定的通信点表，在数据值的变化时刻，以及在固定周期内上送给 AGC 主站。

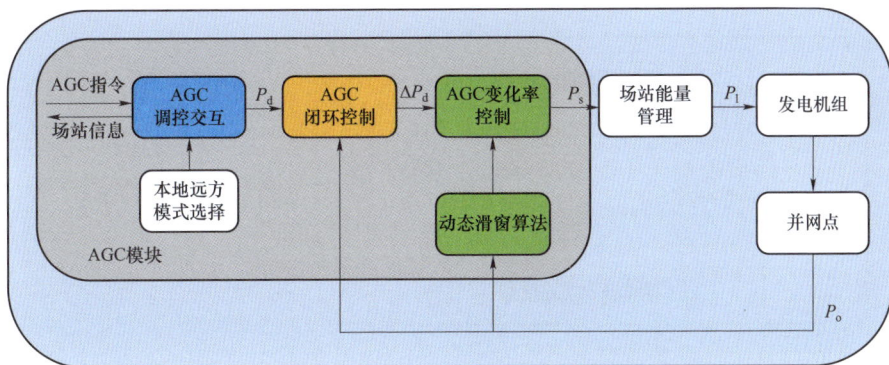

图 2-24　AGC 子站与调度交互的功能逻辑

（3）AGC 状态切换，子站 AGC 有投入和退出两种模式，退出模式下不进行功率控制；在投入模式下，又分为远方模式（包括远方计划曲线、远方调度指令设定）和就地模式（包括本地指令设定、本地计划曲线）。根据投退模式设置、远方就地模式设置和主站 AGC 状态，算法按照图下图进行 AGC 状态的切换。

（4）指令选择，根据 AGC 状态选择使用有功功率指令。

2. 自动电压控制（AVC）

自动电压控制（Auto Voltage Control，AVC）系统一般由调度侧的主站和场站侧的子站组成，两者通过电力调度数据网通信，本系统为 AVC 子站。AVC 子站的主要控制对象是场站内的风、光、储、SVG 等无功源，通过接收调度主站发送的控制指令，根据并网考核点实时功率和被控无功设备实时运行状态，将调度指令进行合理分配，并下发至被控设备。同时将无功设备、电站运行状态等信息上送至调度主站。AVC 模块主要有 AVC 调控交互、无功闭环控制、电压闭环控制和功率因数控制等功能。

AVC 与调度交互的功能逻辑如图 2−25 所示，主要包括四个方面：

（1）指令接收，主站 AVC 指令下发周期一般为秒级或分钟级，所以系统的指令查询周期为百毫秒级，且发现新指令后向主站 AVC 发送回复报文。此外要根据主站的 AVC 控制模式选择当前运行模式为无功模式或者电压模式。

（2）数据上送，根据和调度约定的通信点表，在数据变化的时刻，以及在固定周期内通过平台接口上送给主站 AVC。

（3）AVC 状态切换，算法按照上图进行 AVC 状态的切换。

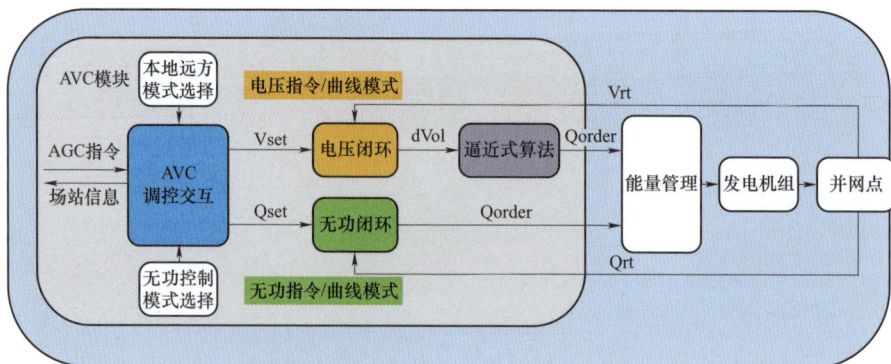

图 2−25 AVC 与调度交互的功能逻辑

（4）指令选择，根据当前 AVC 状态和运行模式设置选择所使用的 AVC 控制指令。

2.4.3 辅助监控技术

辅助监控系统包含消防、安全警卫、电源监测、环境监测、照明控制及视频监控系统等子系统（功能模块），实现站内辅助监控设备的信息采集、监视与控制管理，并通过安全防护装置与 SCADA 监控主机交换信息。

系统用于辅助变电站运行与管理，对各辅助子系统进行统一的集成和信息汇总，实现变电站辅助子系统的本地化管理、监视、控制；在子系统间信息共享的基础上，实现视频监控系统、安全防范系统、消防火灾系统、给排水系统、SF_6 监测系统、环境监测系统、智能照明系统、SCADA 等系统的互动，实现智能联动、辅助操作、辅助安防等功能。

系统通过视频数据挖掘、智能图像分析、全景数据展示、各系统的互动、环境监测数据采集与分析报警、周界防范与警戒区的划定、一次设备状态监测等技术手段，紧密结合主辅系统信息，利用智能手段进行事件主动响应，提前排除设备隐患，实现从传统的被动监控模式向主动监控模式转变，提高事件处理效率，降低人力成本，现场工作与远方监视的有机结合，在变电站达到智能告警、智能分析、智能联动、智能检修的目的。

系统高度集成各辅助信息，实现符合标准的横向及纵向的信息交互和发布，统一网络、统一平台、精简设备，避免重复建设，提高设备利用率，提高电网运行可靠性，为电力系统的安全稳定运行和设备有效监管提供技术支撑和技术保证。

1. 辅助监控系统架构

辅助监控系统由辅助监控系统主机、网络设备、信息安全防护设备、辅助设施及协议转换单元（可选）等构成，实现对变电站内辅助设施运行的综合监视、管理等功能，并可与上级系统及变电站监控系统之间进行通信。

辅助监控系统架构如图 2-26 所示，主要由视频图像监控、环境监测、照明控制、安全警卫、电源监测、消防告警等子系统组成，接入变电站内消防、安全警卫、电源监测、环境监测、照明控制及视频监控等辅助设施的信息，系统组成可根据变电站需要监测的信息进行增减。

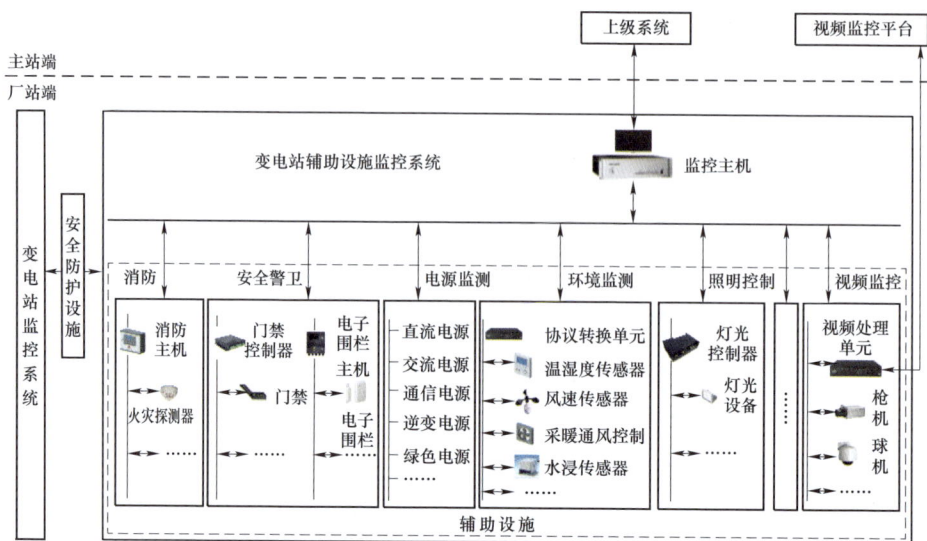

图 2-26 辅助监控系统架构

辅助监控系统主机采用 DLT/860 或各子系统提供的私有协议接入消防、安全警卫、电源监测、环境监测、照明控制等辅助设施的主控机（或者协议转换单元），并采用 DL/T 283.1《电力视频监控系统及接口 第 1 部分：技术要求》中规定的要求与视频监控子系统通信。

2. 辅助监控系统功能

（1）基本功能：

1）实时监控。通过在不同区域监控点位布置相应功能型号的摄像机，实现 24h 不间断监控，并且可以对带云台设备进行云台操作，对视角、方位、焦距的调整，实现全方位、多视角、无盲区、全天候式监控。

2）录像存储。支持前端存储和中心存储两种模式，前端的视音频信号接入视频处理单元存储数据，达到前端存储的需要，以供事后调查取证；也可部署网络存储设备，满足大容量多通道并发的中心存储需求。

3）语音功能。通过广播功能，工作人员能够对现场工作进行指导，对违章操作进行警告；通过语音对讲，上级管理部门能够和变电站现场人员进行沟通。

4）环境监测。通过传感器实时采集相关环境数据，例如温湿度、风速、水浸、SF_6 浓度等相关信息，方便实时监控、历史查询、统计分析，数据出现异常时可以联动报警。

5）联动预案。通过视频监控系统和其他辅助系统的关联，能够提供丰富的视频预案：客户端联动、电视墙联动、报警录像等，有助于相关部门第一时间发现事故点，迅速做出反应，把事故损失控制到最小范围。

除了视频预案，系统还支持其他处置预案，比如：当温湿度越限时，能够自动开启空调；当电缆沟积水越限时，能够自动开启排水；当开关室 SF_6 浓度越限时，能够自动开启排风。

6）巡检预案。支持可视化巡检预案，按人工巡检的路线，把沿途多个监控点的多个预置位添加进预案，一旦发现问题可截图并标注问题，及时通知相关部门。相较于人工巡检、手工纸质记录的传统巡检方式，该预案可大大提高巡检质量及到位率。

7）远程维护。通过系统软件能够对前端设备进行校时、重新启动、修改参数、软件升级、远程维护等功能。设备提供远程访问功能，运维人员不必到达设备现场，就可修改设备的各项参数，提高的设备维护效率。

8）系统管理。通过系统软件能够进行全方位管理，提供中心管理、Web 服务、认证授权、日志管理、资产管理、地图管理、流媒体服务、云台代理、存储管理、文件备份、设备代理、移动服务、报警管理、电视墙代理、网管服务等系统服务，提高整套系统的工作效率。

（2）扩展功能：

1）消防联动。火灾报警系统具有不同的防区，当检测到火灾时，发出火警信号，报警主机上传报警信息，保安人员可以迅速来到事发地点；辅助监控系统联动相应的灯光照明，调用摄像机预置位，以便站端及监控中心能及时了解现场火势。火灾报警系统的开关量能实现各种联动：开启门禁，使火灾区域的人员能够逃生；实现与电源控制开关的联动，自动切断重要设备的电源。

2）安防联动。电子围栏或红外探测器侦测到有活动人员进入，发出入侵信号，辅助监控系统联动灯光照明，启动现场警笛，视频监视窗口自动调出摄像机视频，转动到相应摄像机预置点，并启动数字录像，同时驱动门禁控制器打开或关闭所有门，便于人员疏散或防止窃贼逃窜。

3）环境监测联动。环境监测主要针对水浸、SF_6 泄漏、温湿度和风速等情况。水浸探头监测到水浸时发生报警并联动水泵启动排水系统；当 SF_6 泄漏时发出报警并联动风机排气；当温湿度、风速传感器监测到其值超过阈值时，发出报警并启动空调设备等。

4）SCADA 系统联动。辅助监控系统系统接收 SCADA 系统传来的实时数据，同步接收发送来的 SVG 格式的变电站接线图形文件，在主接线图上 SCADA 与智能辅助监控平台的同步显示。辅助监控系统在变电站发生遥控、操作、保护、故障报警等情况时能将摄像头对准进行操作的设备：① 变电站发生事故跳闸时，SCADA 将开关变位信号、事故总信号、重合闸信号等多种信号同时传到辅助监控系统，辅助监控系统发出告警并在显示屏上推出画面，摄像头根据预置位自动对准事故开关及对应间隔的一次二次设备，进行视频确认；② 变电站进行隔离开关分合操作时，SCADA 检测到隔离开关分合失败，将告警信息传到本系统，联动辅助监控系统将场地摄像机在显示屏上弹出，并自动调出预置位，进行视频确认；③ 当 SCADA 遥测异常时，辅助监控系统发出告警并在显示屏上推出画面，摄像头根据预置位自动对准测控设备。

5）行为分析。对于重要区域采用智能分析技术，通过行为分析和智能跟踪的方式，实现安全防范监控；本系统中主要对穿越警戒面、区域入侵、进入区域、离开区域等多种行为进行识别和触发报警。

6）车牌识别。通过变电站出入口部署的卡口识别系统，对出入车辆进行抓拍，利用车牌识别技术，区分巡检车辆和可疑车辆后，及时联动大门开启。

7）红外热成像。通过变电站制高点部署的红外热像仪，对重要设备进行轮巡，实时监测设备温度，一旦发现温度异常，及时产生报警。

8）移动办公。通过手持终端（手机、平板等）能够随时随地远程监控，实现预览、云台控制，为应急指挥、巡视检修提供便捷的技术保障。

2.4.4　二次设备状态监测系统

为了提高二次设备检修工作的效率和安全性，近几年对二次设备状态监视、二次检修安措辅助系统方面开展了大量的研究工作。总体上看，现有二次设备状态诊断的研究成果较少考虑现场运行方式、不同电压等级/装置类型/制造厂家的设备压板配置差异、设备运行状态等诸多因素对安措规则的影响，诊断逻辑主要通过软件编程来实现，诊断过程需要较多的人工干预，难以灵活地适应和满足变电站二次设备检修安措复杂多变的需求。

二次安措的操作场景主要包括：① 变电站改、扩建时；② 一次设备在停电或者不停电运行检修时；③ 二次设备本身试验检修时。二次设备状态诊断是二次安措的基础和保障，能够为安措操作人员提供有效的二次设备运行状态监视手段，变电站二次设备状态诊断应具备以下功能：

（1）实时分析电气间隔一次设备运行状态和二次设备运行状态，并基于分析结果诊断装置的压板状态。

（2）对二次安措中的压板操作顺序和结果进行诊断，保障操作的安全性和可靠性。

（3）对状态错误（异常）的装置告警，为操作人员提供错误（异常）定位、原因及解决建议。

二次设备状态诊断的核心是基于业务逻辑生成相应的诊断规则，并利用这些规则诊断装置运行状态、约束安措操作行为。二次设备状态诊断功能具有以下特性：

（1）业务逻辑的通用性。智能诊断的业务逻辑来源于装置压板的投退原则，例如保护装置检修时，装置检修压板应投入，GOOSE 发送压板、功能压板都应该退出。这些原则具有高度的通用性，而和具体的装置类型、装置型号、电压等级和制造厂商等因素无关。

（2）诊断规则的差异性。在根据业务逻辑生成诊断规则时，由于不同电压等级、不同类型、不同厂商、不同型号的装置在功能、模型、压板配置等方面具有明显的差异性，导致其对应的诊断规则也互不相同。此外，变电站的运行方式不同，诊断规则也会发生变化。

（3）诊断功能的综合性与复杂性。二次设备状态诊断功能综合性强，复杂程度高，主要包括以下几个方面：① 一次设备拓扑及一次设备运行状态的分析；② 二次设备拓扑及二次设备运行状态的分析；③ 构建二次设备状态诊断模型库；④ 基于一次设备与二次设备运行状态智能匹配对应的诊断规则实现状态诊断分析。

3 数 值 天 气 预 报

新能源发电功率预测，特别是短期功率预测模型需要输入风速、辐照度等气象要素的预报数据，这些气象数据主要来自数值天气预报（Numerical Weather Prediction，NWP）。不同于公共气象服务，应用于新能源发电功率预测的 NWP 对预报数据的时空分辨率、预报时长等有其特殊要求，尤其对预报精度的要求较高。风电场、光伏电站输出功率对于风速、辐照度的变化非常敏感，而这些气象要素的准确预报难度较大，导致 NWP 成为新能源发电功率预测的主要误差源。NWP 技术较为复杂，影响风速、辐照度预报精度的原因需具体分析，并采用针对性的方法降低预报误差。

» 3.1 概念及特点 «

NWP 是指根据大气实际情况，在一定的初值和边值条件下，通过大型计算机进行数值计算，求解描写大气演变过程的流体力学和热力学的方程组，从而预测未来一定时段的大气运动状态和天气现象的方法。结合新能源发电功率预测的实际应用，在常规数值天气预报技术的基础上，对数据的时空分辨率和预报时长等有特定要求。

3.1.1 基本概念

数值天气预报是在给定初始条件和边界条件的情况下，数值求解大气运动基本方程组，由已知的初始时刻的大气状态预报未来时刻的大气状态。

NWP 分为两种模式，一种是全球模式，另一种是区域模式。全球模式覆盖整个地球，其目标是求解全球的天气状况，目前世界上较为著名的全球模式包括美国的全球预报系统（Global Forecast System，GFS）、欧洲中期天气预报中心的综合预测系统（Integrated Forecasting System，IFS），加拿大的全球多尺度模型环境预报系统（Global Environmental Multiscale model，GEM），日本的全球谱模型预报系统（Global Spectral Model，GSM）等，中国的全球模式主要为全球集合预报系统（简称 T639）和全球实时大气数据集成系统（Global Real-time Atmospheric Data Integration System，GRADIS）。目前，全球模式的预报数据已成为各个国家开展气象预报的主要参考信息。此外，全球模式还能为区域模式预报提供必需的背景场数据，供其提取出初始条件和边界条件。全球模式的水平空间分辨率一般在几十千米量级，由于分辨率过低，全球模式难以体现微地形、微气象引起的风场、云层和辐照度的精细变化，对于新能源发电功率预测的应用场景，一般需要使用较为精细化的区域模式。区域模式水平空间分辨率一般在几公里量级，能够更准确地模拟微地形、微气象的作用，且能同化吸收进更多的局地观测数据，预报结果较全球模式更为精确。目前较为著名的区域模式包括美国的 WRF、MPAS 等，中国的 GRAPES-ME-SO 等。区域模式的一般运行流程如图 3-1 所示。

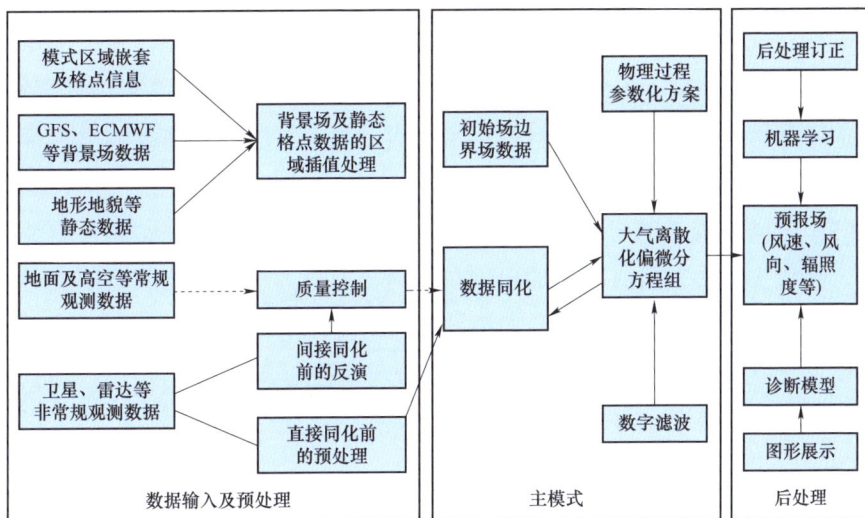

图 3-1 区域模式的运行流程图

3.1.2 适用于新能源发电功率预测的数值天气预报特点

NWP 输出的气象要素多达 200 余种，分为全球数值模式和区域数值模式，两者常结合使用，以提供更全面的天气预报。其中，全球模式适用于大尺度和长期预测，区域模式则用于小尺度和短期预测。目前，全球数值模式空间分辨率已显著提高，部分模式的分辨率可达到 9km×9km，以此驱动的区域数值模式分辨率提高到 3km×3km。同时，预报市场现在已经基本达到 90～144h（即 4～6 天），未来有望达到 15 天。

对于新能源发电功率预测来说，主要关注的是与新能源发电密切相关的气象要素，如风速、辐照度等，且对数据的时空分辨率和预报时长等参数有特定要求，具体来说有如下特点：

（1）关注风速、辐照度。风速和辐照强度的大小直接决定了风电和光伏出力的大小，因而功率预测中最关键的气象要素是风速和辐照强度。在实际应用的预测模型中，为提高预测的精度，往往在风电功率预测中还需引入风向、温度、气压、湿度等要素。光伏功率预测中，除辐照强度外，还需引入风速、风向、温度等要素。

（2）空间分辨率要求更高。目前，风力发电主要利用近地面风能资源，近地面风速受局地地形和地貌影响显著，同一风电场内，不同风电机组位置处的风速差异可达到 20%以上；辐照度虽不受地面影响，但云层是影响光伏功率预测准确性的关键，此外水汽和气溶胶等也会影响辐照度。因而，为了保障新能源发电功率预测精度，要求 NWP 的空间分辨率应尽量高，以提升对微尺度地形、地貌，以及云、水汽和气溶胶等微气象要素的模拟精度。目前区域模式普遍都将空间分辨率提高到 9km×9km 以上。

（3）时间分辨率需与电力调度要求一致。新能源发电功率预测目的是预知风电、光伏等未来一段时间内的出力，从而支撑电力调控机构制定发电计划，保障新能源安全高效消纳。目前，发电计划编制通常采用的时间分辨率为 15min，这就要求新能源发电功率预测结果的时间分辨率需与其保持一致，对应的 NWP 各参量的时间分辨率也需为 15min。

（4）定量化预报。有别于天气事件预测，用于新能源发电功率预测的 NWP 需实现定量预报，即给出具体时间、地点相关要素的具体值，如某某风电场，2018 年 7 月 22 日 10:30 的风速 10.2m/s、风向 93°等。随着集合预报技术的发展，除给出定量值外，还应给出概率预测值。

（5）预报时长至少 72h。为了提高风电、光伏等新能源消纳，满足风电、光伏的调峰需求，要求新能源发电功率预测的时间长度至少在 3 天，相应的 NWP 的时间长度也应在 3 天以上，未来还需发展到 7 天及以上。

》 3.2 对新能源发电功率预测精度的影响 《

结合上述数值天气预报在新能源发电功率预测技术中的特点，可以看出影响新能源发电功率预测精度因素有很多包括数据准确性、通信和数据采集问题、天气变化的不确定性、极端天气事件等。综合其特点主要分为敏感性和误差性两个类型。

3.2.1 敏感性分析

NWP 给出的风速、辐照度等气象要素预报结果，是新能源发电功率预测模型的最重要输入参数，也是影响功率预测误差的关键因素。以风电功率预测为例，在风电场非满发阶段，风电功率与风速的三次方近似成正比关系，此时功率对风速的变化非常敏感。图 3−2 所示的典型风电机组的功率曲线中，当风速为 8m/s 时若预测风速仅偏差 1m/s，则预测功率的误差就会达到 20.5%，因此，功率预测对于 NWP 的误差非常敏感，而风电机组多数时间处于非满发状态，导致 NWP 误差成为风电功率预测误差的主要来源。

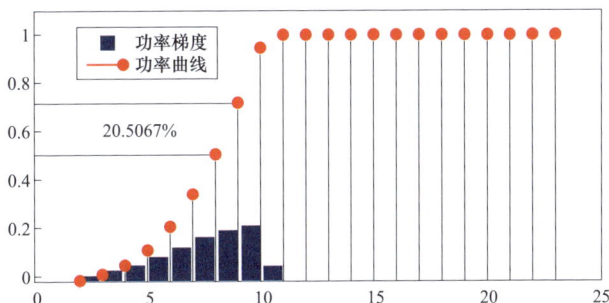

图 3−2　典型风电机组的功率曲线

从风速、辐照度的误差表现来看，不同地区、不同尺度、不同天气类型的误差水平是不同的。一般来说，地形复杂、地貌多样地区的预报误差大于地形平缓、地貌单一地区，小尺度天气过程的预报误差大于大尺度天气过程，极端天气下的预报误差大于一般天气。对于中国来说，西北地区的预报误差一般会高于东部沿海地区，主要由于西北地区地形复杂、主导天气系统多样，且观测数据稀少导致。

直观地说，风速和辐照度等要素的误差如图 3-3 所示，总体上主要表现出三个特点：① 幅值偏差，即准确预报了波动过程，但波动的极大极小值出现数值偏差；② 相位偏差，即波动的幅值预报准确，但波动的相位偏离实际；③ 其他偏差，即不能归结为前两种特点的偏差，表现为没有预报出实际的波动过程或预报的完全反相位，这往往出现在模式对天气过程的模拟出现了较大误差时。在实际的功率预测中，常常会遇到由大风过程引起的风电功率爬坡事件或由云层生消移动引起的光伏功率波动，这些波动过程受以上三种误差影响，会引起较大的功率预测误差。

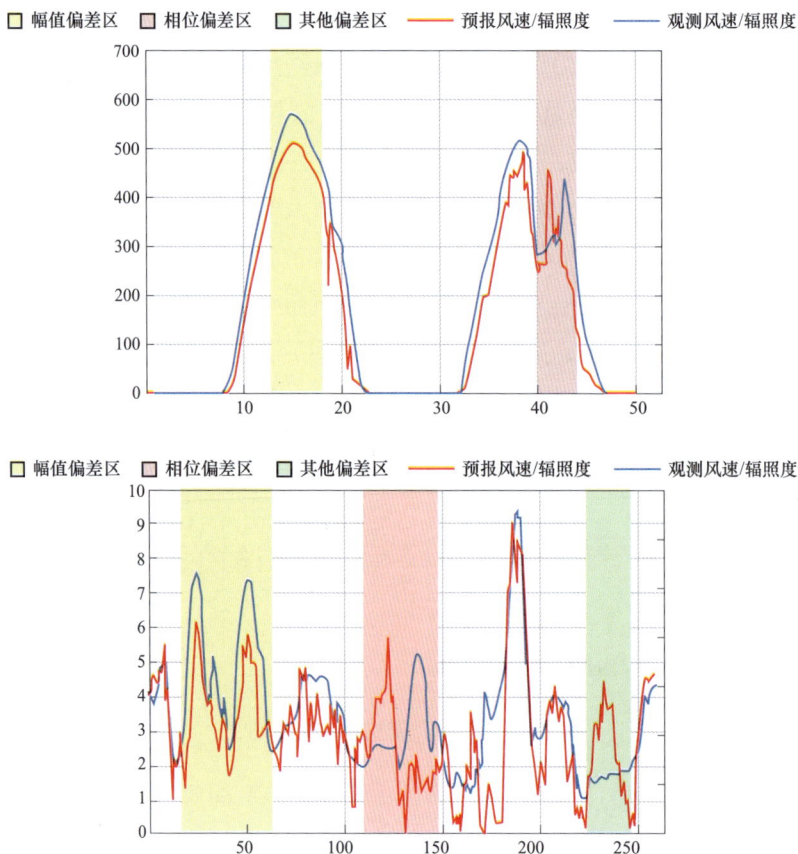

图 3-3 风速和辐照度等要素的误差示意图

此外，预报的小尺度变化信息缺失也会造成预报误差，表现为预报时间序列显得过于平滑，面缺少观测数据所表现出的丰富的小尺度波动信息。图 3-4 为 2015 年 7 月江苏省连续 3 周的实际功率和预测功率，其中第 13～19h 的幅值误差和相位误差均很小，其误差主要是由小尺度波动信息缺失引起的，误差占比总体小于 10%。此类误差的原因，在于数值模式对于小尺度的大气波动缺乏捕捉能力，目前很难准确预测此类小尺度波动。此类误差需引入实测气象观测数据，通过超短期功率预测滚动修正。

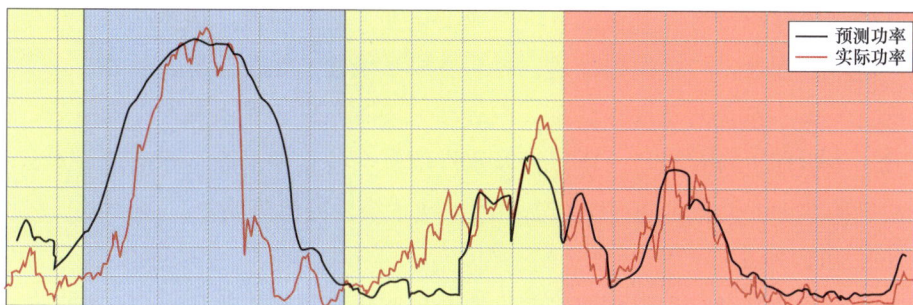

图 3-4　2015 年 7 月江苏省连续 3 周的实际功率和预测功率

3.2.2　误差性分析

从数值天气预报理论的角度来看，造成误差的原因是多方面的。首先，NWP 模式是一个离散化计算系统，以离散的时间点、空间点来代表连续的时间、空间，必然会造成地形、地貌、气象场等的离散计算误差；其次，观测数据有限且存在观测误差，导致观测数据同化进全球模式的时候，进一步产生背景场误差；再次，描述次网格微尺度物理过程的参数化方案也存在误差，主要是由于大气的湍流、辐射、相变、化学等微尺度过程，以及同其他气候系统圈层的相互作用机制非常复杂，理论认识还不够深入，所以参数化方案还不够完美；最后，也是最重要的，大气系统是一个极其复杂的非线性系统，描述其动力、热力过程的模式方程组对初始误差具有高度敏感性，初始误差会随着计算时间的延长不断扩大，导致初始时刻失之毫厘，计算结果差之千里。由于以上原因，NWP 的误差总是存在，只能尽力降低，不能根本消除，需使用各种方法将误差降低到可接受的水平。

3.2.1 所讨论的四种误差特点，虽然会有一些共性的原因，但同时也各有其特殊原因，分述如下。

1. 幅值偏差

对于风速来说，虽然中尺度区域模式的水平空间分辨率已经达到几公里级别，但由微尺度地形、地貌引起的风速加速或减弱作用仍做不到精确描述，会造成系统性的幅值偏差。此外，大气湍流是影响高空高风速动量下传的重要因素，涉及大气湍流的边界层过程、陆面过程等参数化方案较难做到精确描述，容易造成系统性的幅值偏差。

对于辐照度来说，云、水汽、气溶胶、沙尘等影响辐照度的要素属于微物理、微气象过程，涉及复杂的水汽生成及相变、垂直对流、植被蒸腾、化学过程、起沙过程等，较难准确描述，容易造成系统性的幅值偏差。另外，由于模式的背景场不包含云及水汽信息，在启动一段时间后云及水汽才渐渐生成，而模式还需定期更新背景场，所以云及水汽信息会被定期清除，常会造成对云和水汽等的系统性偏差，进而引起辐照度出现系统性的幅值偏差。

2. 相位偏差

对于风速来说，出现相位偏差意味着虽然正确预报了相应天气过程，但天气系统的预报位置出现了偏差，从而变成了某个位置上的时间序列的相位误差。比如某个大风过程出现了约 1h 的相位偏差，假设平均风速约为 10m/s，风向不变，则对大风天气系统的预报位置就出现了 36km（10m/s×3600s）的偏差。造成相位偏差的原因可能在于背景场出现了偏差或参数化方案及微地形等方面的原因。

对于辐照度来说，出现相位偏差主要原因是对云块的预报位置出现了偏差。云模拟是模式的难点，因为涉及了复杂的水汽生成及相变过程、垂直对流过程、湍流等微气象因素，由于相关参数化方案的误差，加上模式本身分辨率较低，所以很难对云块的位置进行准确模拟。

3. 其他偏差

有时 NWP 没有报出实际的波动过程或预报的完全反相位，说明出现了较大的预报误差，其原因可能在于背景场、参数化方案、微地形、观测数据、计算精度等方面的问题，但更有可能的是，由于该地区或该时段的 NWP 对初始误差高度敏感造成的。

如图 3-5 所示，为江苏和宁夏的两个风电场 NMP 对于初始误差的敏感性试验，分别构造 46 个 NWP 成员，使这些成员在初始时刻的预报值稍有差别，但都保持在相对较小的偏差范围内，以观察成员的偏差范围随时间的演化情况。可以看到，二者的偏差范围演化情况差别很大。江苏的偏差范围一直保持得较窄，且波动的相位、幅值都较为一致，说明该地点、该时间段的NWP对于初始时刻的误差不敏感。而宁夏各个成员的预报结果随时间演变越来越分散，偏差范围愈来愈大，甚至某些时间上波动的相位完全相反，说明该地点、该段时间的NWP对初始时刻的误差非常敏感，很容易造成较大的预报误差。

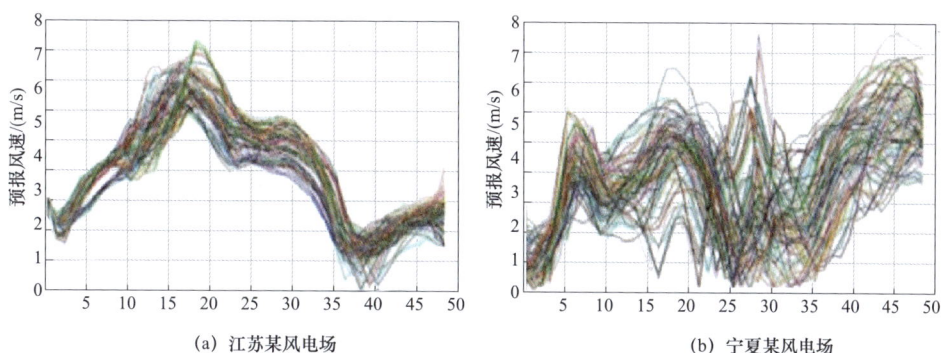

(a) 江苏某风电场　　　　　　　　　　(b) 宁夏某风电场

图 3-5　NMP 对于初始误差的敏感性试验

4. 小尺度波动信息缺失

目前的 NWP 对于小尺度的气象波动缺乏捕捉能力，主要原因在于模式空间分辨率过低。模式为保持计算稳定性，空间分辨率和时间分辨率的比例保持为一定的常数，因此空间分辨率低也相当于时间分辨率低，小尺度的快速波动无法体现。

例如，编制发电计划要求风速预报时间分辨率为 15min，这意味着要模拟出逐 15min 的风速波动变化，假设 15min 前后的水平风速变化为 1m/s，那么对应着此波动的气象结构的水平尺度为 900m（1m/s×900s），因此区域模式的水平空间分辨率至少应设置为 900m，但现阶段的区域模式水平空间分辨率一般在几公里范围，无法捕捉这种波动。此外，从数值计算理论上来说，为准确模拟出一个结构的变化，网格分辨率应为该结构的尺度除以 10，也就是说，900m 的水平空间分辨率虽然可以分辨出这种波动，但很难计算准确。为准确模拟出这个 900m 尺度的波动变化，理论上水平空间分辨率应为 90m。

3.2.3　中尺度数值预报不准

目前，对于中小尺度的各种天气过程及其影响因素的物理机制尚未完全明确，很多工作都是基于较为粗略的经验模型或人为设计的反馈调节机制开展的。这些模型在较为理想的条件下能一定程度上满足预报需求，但是在应用于多变量和多过程的现实环境中时有局限性。为了更合理地描述天气过程，增加观测和理论支持是未来参数化方案发展的方向。

对于积云对流参数化方案，闭合假设的优化是工作的重点。现已有学者提出对流有效位能、倾斜对流有效位能和超级积云对流参数化等方法，其中一部分已经取得了不错的应用效果，考虑细致云模型的质量通量型方案的广泛应用也是重视理论支持的体现。随着模式分辨率的提高，云微物理参数化方案应用会越来越广泛，对微物理过程进行详细描述是必要的。边界层参数化方案中耦合探空、风廓线雷达组网的湍流廓线反演算法和基于风廓线雷达的中尺度三角形组网观测技术也在发展之中。此外，这一发展趋势还体现在陆面过程参数化方案中对陆面不均一性的细致考虑、地表水文特性的复杂化和最适冠层复杂度的确认等。

自然界的天气过程是相互关联的。参数化方案的耦合化发展是合理描述这些过程的必然趋势。参数化方案的耦合包括多要素耦合、多尺度耦合和多方案耦合等层面。多要素耦合是指在参数化方案中考虑多元的天气要素和地理要素，最典型的案例是陆面过程参数化和辐射传输过程参数化中基于植被要素的空间分布对"大叶模式"进行的优化。多尺度耦合是参数化方案耦合最明显的特征，它包括多方向耦合和多分辨率耦合，比如积云对流参数化中倾斜方案和垂直方案的耦合，云微物理参数化中三维云模式的建立，边界层参数化中多尺度湍流理论的应用，陆面过程参数化中陆面模式和水文模式的分辨率耦合等。多方案耦合也在发展之中，典型代表是边界层参数化方案与积云对流参数化方案和云微物理参数化方案等云方案的耦合，以及陆面过程参数化方案与大气环流模式和辐射传输参数化方案的耦合。多方案耦合是制约中尺度数值预报模式发展的重要因素，在陆面过程方案与云、降水和边界层方案的耦合中体现得尤为明显，只有多种方案的质量和精度协同发展，中尺度数值预报模式的整体模拟效果才能得到大的改进。

随着中尺度数值预报模式分辨率的提升，某些属于次网格尺度的过程逐渐被纳入模式网格显式分辨的范围。如果某种天气过程的尺度与模式网格尺度接近,从而导致模式能对该过程进行部分而非完全的显式分辨,则将这种现象称作该过程模拟的"灰色区域"。"灰色区域"模拟是中尺度数值预报模式高速发展的背景下研究人员必须面对的关键问题。积云对流参数化方案与边界层参数化方案对"灰色区域"模拟的需求较为突出,前者可以更正未被模拟的对流作用导致的过量降水,后者有助于提高边界层参数化方案的多分辨率适应性。事实上,模式分辨率是边界层参数化方案应用中需要考虑的最重要因素之一,通过引入合理的分辨率依赖性函数,可以使传统边界层参数化方案在不同分辨率的模式中的应用效果更好。

在中尺度数值预报模式发展的初期,对参数化方案的选择较为单一,这是由于当时研究者对各种天气过程的物理机制的认识还不够清楚,只能从较为理想的状况出发,逐步向参数化方案中添加更多的参数和过程。经过近70年的发展,中尺度数值预报模式已经形成了较为成熟和庞大的体系,不同模式和不同参数化方案的功能和适用场景越来越有针对性。随着高性能并行计算技术的发展,计算成本和计算能力已逐渐不是参数化方案应用的桎梏。中尺度数值预报模式参数化方案的应用选择走向多元化,其核心导向是模拟预报需求。如云微物理参数化方案的两种应用方向:体积水法假设水凝物谱分布为理想的经验函数,只能描述云中水凝物的总体谱分布,为了节省计算成本,通常在预报业务中使用;分档法水凝物种类多,考虑了各谱宽度段粒子变化引起的云滴谱演变,从而满足研究需求和特定精确预报效果的需求;边界层参数化时,依据计算能力、模式尺度和湍流尺度,选择不同阶数的闭合方案;陆面过程参数化时依据下垫面种类和下垫面均质性的表征细节的不同需求分别采用不同种类和复杂度的方案;辐射传输过程参数化时依据不同的云、地势条件选择不同的方案等。

物理机制不明确和多方案耦合限制整体效果是参数化方案发展中较突出的瓶颈。此外,参数化方案离不开数值模式,现在数值模式性能仍然不能满足需求,具体体现在网格分辨率较低,资料同化生成初始场采用的经验假设多、速度较慢和误差较大上。这些问题的本质是现有数据分析方法和采集处理技术的有限效能与不断增加的气象数据量和有效数据需求量之间的矛盾,这一矛盾将在数值模式从方法驱动转移到方法—数据融合驱动的趋势下解决。

机器学习以数据为基础,探索多因子影响下的复杂非线性关系,得到传统方法所不能得到的结论,为模式参数化方案的发展开辟了新的路径。参数化方案与机器学习将呈现覆盖预报全过程的融合发展趋势，分别是为方案提供可靠初始场、改进现有方案和模拟结果优化。机器学习能够提升资料同化速度和可靠性；在改进现有方案时，一方面能揭示更多的物理机制，如在云状、云相态识别及气溶胶活化和核化方面对质量通量型积云对流方案进行理论补充，加深对流系统演化的研究，以及对湍流过程和边界层顶夹卷混合机制的深入理解等；另一方面能利用"黑箱"属性为复杂机制模拟提供可靠的替代方案，如对流水热输送和辐射特征的预测，对辐射参数化的仿真等；最后，可以优化模拟结果：从方法的层次如通过计算复杂下垫面湍流强度为陆面过程和边界层方案耦合提供支撑和通过降尺度提升气象数据分辨率等，从结果的层次如利用深度神经网络进行预报误差订正等。

机器学习在极端天气监测预警、短期局地精细化天气预报、提升数据可用性和回避复杂理论场景方面具有优势，在预测结果可解释性和在大范围长期预报能力方面有缺陷。这些优势和缺陷共同决定了机器学习和模式参数化方案融合的方向：参数化方案中部分参数可以通过机器学习敏感性分析等手段来筛选和优化，机器学习可以在参数化方案的支持下添加物理约束，形成数据混合驱动的天气预报模型。机器学习和模式参数化方案的融合已经有了一定数量的研究。

3.3 提升新能源发电功率预报精度的关键技术

据上述分析，影响新能源功率预测准确性的因素，目前，市场上已有很多企业和研究院所开展了具体的技术研发。由于新能源发电功率预测具有明显的区域特性，如何在区域模式下从数值天气预报的角度提升新能源发电功率预报精度成为现时代的热门研究方向。本书对于关键的技术内容进行了如下整理分析。

3.3.1 提高区域模式初始条件准确性

区域模式的运行需要初始条件和边界条件，对于短期预报来说，初始条件比边界条件的影响更重要（长期气候预测中，边界条件比初始条件重要），很大程度上决定了短期预报的准确性。初始条件的精度提升主要在于以下几方面：

1. 利用气象卫星和雷达等观测数据进行同化

数据同化的含义是将观测数据实时吸收进模式，然后在时间和空间格点上对初始场进行校正，以使初始场更加贴近真实。中国风电场与光伏电站等主要分布在"三北"地区，然而"三北"地区的气象部门观测站点较为稀疏，气象卫星和雷达等观测范围广，可弥补"三北"地区观测站点稀少的问题通过气象卫星和雷达的同化改进区域模式的初始场精度，是提升风速和辐照度预报精度的有效手段。海上风力发电是未来风电发展的主要方向之一，与陆上风电功率预测相比，两者技术路线基本相同，主要差异体现在 NWP 环节：一是海上气象观测质量更少，更需要利用卫星、雷达等非常规气象信息观测手段；二是台风等影响海上风电场正常运行的极端天气事件较陆上更多，海上风电功率的预测需单独考虑此类极端事件。目前中国常用的卫星数据情况如表 3-1 所示。

表 3-1 目前中国常用的卫星数据特征信息

类型	名称/型号	空间分辨率（可见波段）	时间分辨率/每日过境次数
静止气象卫星	中国 FY-2	1.25km	30min
	中国 FY-4	500m	15min
	日本葵花 8	500m	10min
极轨气象卫星	中国 FY-3	250m	3 次
	欧洲 METOP	1.1km	3、4 次
	美国 NPP	400m	3 次
	美国 NOAA 系列	1.1km	1~4 次
	美国 TERRA	250km	2 次
	美国 AQUA	250km	3 次

气象卫星和雷达的观测主要为不同波段电磁波的辐射强度（通常黑体辐射温度）和反射回波信噪比。此外，多普勒气象雷达还可以利用多普勒效应对径向风速进行测量，双偏振气象雷达可以根据极化方向相互正交的回波测量一系列偏振参量。目前对上述数据的常用使用方法是基于四维变分的直接同化资料，无须先反演气象要素再同化。卫星和雷达的同化可较大地提升地面水汽、气溶胶、沙尘、云量的初始场精度，有利于改进辐照度的预报效果，此种同化方法称为云分析。

上述方法对直接改进风场精度的效果不明显此外，因此云导风技术可以一定程度上作为风速估计的参考，该方法通过识别卫星观测资料中特征云和水汽块的位置，对云团在各个时刻的位置进行追踪，以反演出风速和风向，再根据风场的连续性对无云区域的风场进行估计，以改进风场模拟效果。

雷达资料的反演数据可以以用于优化初始场。通过将雷达资料转化为常规探空资料，并利用数值模式平台进行同化，可以显著改善数值模式的初始场，从而提高天气预报的准确性。例如，C 波段雷达反演风场被转化为常规探空资料后，在 WRF−3DVAR 平台上同化，能够改善数值模式的初始场，特别是在降水预报方面，这种改进可以维持 12h，尤其在同化后的 3～9h 内效果非常显著。

雷达资料反演数据在优化初始场中的应用主要体现在以下几个方面：

（1）提高降水预报的准确性：通过同化雷达反演风场数据，可以改善数值模式的初始场，特别是在短时（0～6h）内降水预报的准确性有明显提升。例如，利用 LAPS 系统和 ADAS 系统进行资料融合和云分析，明显改善了短时降水的预报结果。

（2）弥补观测资料不足：在观测资料不足的地区，雷达资料反演数据可以作为一种重要的补充，通过四维变分同化方法，一个时次的数据可以影响到之前的分析结果，从而弥补观测资料的不足。

（3）解决模式"起转"问题：通过复杂云分析方法，利用雷达反射率因子和其他观测资料，可以更新和构建更符合实际的网格尺度初始云水物理场，从而缓解数值模式中的"起转"问题，提高预报结果的准确性。

综上所述，雷达资料的反演数据在优化初始场方面具有重要作用，通过同化和应用这些数据，可以显著提高天气预报的准确性和可靠性。

2. 利用风电场、光伏电站的测风、测光数据进行同化

风电场和光伏电站一般都建有场站资源观测装置。风电场的标准观测包括了 10m、30m、50m、70m、轮毂高度的风速、风向等要素，光伏电站的标准观测包括了总辐射、直射辐射、散射辐射、环境温度、气压、相对湿度等变量，将这些场站观测数据同化进模式将有利于提升初始场精度。需注意的是，如果仅仅是在模式中同化一个场站的观测数据，那么同化仅能在预报前几个小时起作用，这是由于单独一个观测点对初始场的校正作用会随着大气的运动"流走"，但如果接入场站群的观测数据，同化时效会延长，接入场站观测越多、涉及空间范围越广，同化时效越长。

3. 快速循环更新

前面提到，模式定期更新的背景场中不包含云及水汽信息，在启动一段时间后云及水汽才由参数化方案渐渐生成，到了下一次启动的时刻又会清除掉云和水汽，这不利于辐照度的预报。为解决此问题，可采用快速循环更新的方法，即令模式的背景场更新频率降低，比如每三天更新一次，而其间的常规启动不再使用背景场，改为使用上一次预报的预报场，这样就在初始场中保留了上一次预报的云和水汽信息，有利于提升辐照度的预报精度及节省计算时间。

3.3.2　优化适配于精细化网格的参数化方案

地球大气层各子层中天气现象的种类和强度都不同。由于对流层中存在强烈的气体对流过程，是主要天气现象发生的场所，因此中尺度数值预报模式将对流层作为分析和模拟的重点。对流层内最显著的大气现象是大气环流运动，它伴随着水和空气的潜热交换，其中比较重要的物理过程包括气流的上升和下沉、水汽的凝结和蒸发、边界层的湍流运动及辐射能的传输，与之对应的参数化方案包括积云对流参数化、云微物理参数化、边界层参数化、陆面过程参数化和辐射传输过程参数化。

1. 积云对流参数化方案

对流过程对短时间尺度的天气现象与长时间尺度的气候规律都有重要影响，包括引发降水、雷电、气旋及各种自然灾害等。次网格尺度对流参数化的主要目的是估算垂直总体积云加热、对流降水量及受对流过程影响的大气温湿度变化的垂直分布。积云对流参数化用有限的数学方程描述多维对流大气的统计特征，是一个闭合问题，要选择合适的闭合假设。按照闭合假设，可以分为水汽辐合型（也称为对流侵入型）方案、质量通量型方案和对流调整型方案。水汽辐合型方案将水汽的运动和相变导致的潜热释放作为对流发生的条件，以Kuo 等的研究为代表。质量通量型方案起源于 Arakawa 等的研究，考虑了透过积云背景中的水汽和气流通量伴随的水分—大气潜热输送对温度和湿度变化的影响，将云的重要性摆在突出位置，考虑了云的种类及其在水热输送中的效能差异，GD（Grell–Dévényi）方案是目前最常用的质量通量型方案之一，其基于组合和同化技术，弥补了以往的参数化方案在模拟大尺度气流和对流云的相互作用时由于闭合假设和交互参数差异而产生的不确定性 KF（Kain–Fritsch）质量通量型方案的应用也较为广泛，它是在 1980 年提出的 Fritsch–Chappell CPS

方案的基础上，经过历次版本的修改，成功挖掘了积云增长的触发因素。对流调整型方案将对流作用视为对大气不稳定状态进行负反馈调节的因子，对云的相关因素考虑较少，由于对流作用机制的负反馈性，以及对流过程产生和消亡迅速，这类方案显式性和可解释性较差，但优势是计算成本较低，较先进的对流调整型方案是 BMJ（Betts-Miller-Janjic）方案，它是在 Betts 和 Miller 方案的基础上提出，重新分析了对流过程和空气—水边界过程，设计了新的海洋黏性子层，使用云效率参数表征深对流状态，在虚假降水的修正和热带风暴的预测方面有了很大提升。

国内外学者在中尺度数值预报模式中的积云对流参数化方案的基础上开展了许多试验，这些试验分为对比试验和改进试验。

2. 云微物理参数化方案

气溶胶粒子通过影响云滴谱宽度分布，进而影响降水、成冰、成云与消云等云过程。云微物理过程是在单个气溶胶或降水粒子的尺度上发生的云过程。云微物理参数化方案和积云对流参数化方案都是对降水进行定量预测的方案，前者尺度较小，往往在较高分辨率的中尺度数值预报模式中得到应用。云微物理参数化方案按照是否能够详尽描述特定尺度粒子谱分布，可以分为分档法和体积水法；按照所描述的物理过程和天气系统的复杂性，可以分为暖云方案和混合相云方案，后者依据对冰物质和过程描述的详细程度又分为简单冰相方案和复杂混合相云方案。由于高性能计算技术的发展和模式分辨率的提升，现有主流中尺度数值预报模式中的云微物理参数化方案以混合相云方案为主，下面以中尺度数值天气预报（Weather Research and Forecasting，WRF）模式为例对典型的方案进行梳理。

WRF 模式中集成了 7 种云微物理参数化方案，比较成熟的方案包括普渡大学林氏（Purdue Lin，PL）方案、第三类单矩微物理气象研究与预报模式（WRF-Single-Moment-Microphysics Class-3，WSM3）方案和第五类单矩微物理气象研究与预报模式（WRF-Single-Moment-Microphysics Class 5，WSM5）方案等，后面 2 种方案均是基于 PL 方案发展而来的。PL 方案是一个二维时变的云微物理模型，它使用散状水模式表示降水场，并用指数函数和自动转换参数化方案分别表示降水场的大小和云中的碰撞过程，能够模拟水蒸气、云水、云冰、雨、雪和冰雹 6 种水物质的吸积过程，对混合相云方案的发展具有开创性和指导性意义；WSM3 方案以 NCEP3 方案为基础，包含水汽、云水/云冰及雨/雪 3

类水物质，以温度是否高于标准大气压下的纯净水冰点来判断云水或云冰的存在。WSM5 方案将水物质的类别数目增加到 5 个，允许过冷水和混合相变过程的存在，物理过程比 WSM3 方案更加复杂。

云微物理参数化方案在中尺度数值预报模式中的应用研究分为 2 类，分别是对这些方案降水预报能力的对比试验和利用单个方案的不同版本对特定天气过程的模拟试验。典型的第一类工作如黄海波等和 Bao 等分别对不同方案预报暴雨和模拟飑线效果进行了对比，尹金方等在中国范围内对各种方案的敏感性进行试验，他们发现不同方案对不同地域和不同等级降水的预报效果不同；典型的第二类工作，如许广对比了原始 PL 方案和使用水成物截断参数修订的 PL方案对一次飑线过程的模拟结果，研究发现修订方案在模拟雷达回波和雨强上有优势，而原始方案对气压场和风场的模拟效果更好。

3. 边界层参数化方案

行星边界层（Planetary Boundary Layer，PBL）是距离地表 1～2km 的一层大气，这层大气与地面之间进行着连续不断的热量、动量和水汽交换，湍流运动在下垫面和自由大气之间进行物质和能量输送，如图 3-6 所示。边界层是大气吸收来自地面的辐射能的通道和自由大气通过运动、物质相变，以及摩擦作用消耗能量的场所，形成了平衡大气运动能量来源和消耗的负反馈机制，避免了天气系统的失衡。

受到计算能力和对边界层过程理解程度的限制，早期的边界层参数化方案以局地 K 理论为支撑。然而，不稳定边界层中涡旋尺度大，垂直运动范围广，存在夹卷过程和逆梯度输送现象，这些现象并不能用局地方案来模拟。非局地的边界层参数化方案在不稳定边界层模拟中应用广泛，它们兼具物理过程合理和计算成本小的优势；而在某些稳定边界层模拟中，局地方案仍然得到了广泛应用。WRF 模式中比较重要的边界层参数化方案包括 MYJ（Mellor-Yamada-Janjic）方案、BL（Bougeault-Lacarrere）方案、YSU（Yonsei University）方案和非对称对流模式 2 号（Asymmetric Convective Model version 2，ACM2）方案。前两种是局地方案，后两种是非局地方案。MYJ 方案的基础是 Mellor 等于 1982年提出的湍流闭合模型，后来由 Janjie 进行多次扩展，形成了一种 2.5 阶的复杂湍流闭合方案；BL 方案的一个核心要义是地形条件对湍流的影响，该方案能够有效预测经过陡峭地形区域的晴空湍流的位置和强度；YSU 方案是一种 N03 方案和 HP96 算法的修正方案，修正的内容主要包括对夹卷过程的处理和对 N03

方案未考虑湍流混合中水分效应的缺点的改正，该方案解决了强风条件下混合层的过度混合问题。ACM2 在 ACM 的基础上添加了涡流扩散方案，在气象参数和痕量元素浓度的模拟方面表现出色。

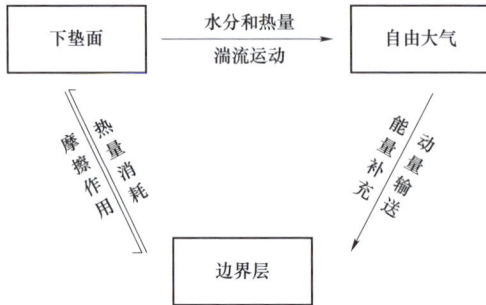

图 3-6　大气和下垫面之间的物质和能量输送

　　MM5 模式中比较常用的方案包括 HIR（High-Resolution Blackadar）方案、Burk-Thompson 方案、MRF 方案和 Eta 方案。其中，HIR 方案适用于高分辨率的情况，分为夜间模态和白昼模态，不同模态的垂直混合决定因素不同，在夜间基于 K 理论和一种隐式扩散方案，在白天基于混合层的热力性质；Burk-Thompson 方案将高垂直分辨率网格嵌套在有限区域模型的粗垂直分辨率网格中，适用于粗分辨率和高分辨率 PBL，该方案在高分辨率网格上引入了二阶湍流方程，忽略了热量通量和水汽通量中液态水的影响，以及逆梯度的作用；MRF 方案也适用于高分辨率边界层，闭合方案是非局地 K 理论，通过引入表征大涡输送的变量修正局地梯度传输；Eta 方案是 Meller-Yamada 方案在 Eta 模式中的应用，它预报了三维预报变量 TKE 和局部垂直混合，并且可以与简单的陆面过程方案耦合使用，其计算量介于 MRF 方案和 HIR 方案之间。

　　学者们对多种边界层参数化方案进行了大量的研究和对比分析。对这些工作进行归纳总结可以发现，不同的边界层参数化方案在预报不同时间、不同空间尺度和不同规模的降水上有不同的效果。另外，有部分学者通过向模式中引入新的边界层参数化方案来提升预报效果，如江勇等向 MM5 模式中引入 $E-\varepsilon-1$ 方案来模拟中国 20 世纪 90 年代的 3 次降水。总体而言，非局地方案比局地方案更为先进，因为它们考虑了更多邻域内的物理过程。

4. 陆面过程参数化方案

　　以水为载体的能量再分配过程引发了地表径流、冰冻现象和植被蒸散等陆面过程，导致了陆面与大气之间的物质交换。陆面过程效应和边界层效应在决定中尺度天气系统的形成、发展和消亡的过程中都起到了重要作用，因此，研究者常将这两种效应组合起来进行研究。

陆面过程参数化方案是为中尺度数值预报模式中的大气动力学过程提供下边界条件的工具，主要涉及陆—气交互区域的分层机制、下垫面的分层机制，以及对下垫面成分空间分布模式的认识。陆面过程参数化方案的发展经历了 3 个阶段，最初的块体输送型方案只能模拟均匀下垫面，后来依次考虑了植被的生理过程和碳循环过程，最终形成了现在的多要素耦合型陆面过程参数化方案。它们常被用于模拟温度场、风场和降水等天气现象的空间分布和全生命周期。现在中尺度数值预报模式中较常用的陆面过程参数化方案包括 RUC（Rapid Update Cycle）方案、SLAB 方案、TD（Thermal Diffusion）方案、PX（Pleim–Xiu）方案、Noah 方案及其各种变种方案。RUC 方案将土壤分为 6 层，包含了 2 个雪盖层。该方案能处理每一层土壤或雪盖的温度和湿度，在对冻土进行参数化时考虑了土壤中水相变的潜热释放过程，采用主导类型视角看待网格尺度的植被类型，即某一网格内最主要的植被类型被认为是这一网格的唯一植被类型（也称为"大叶模式"），植被冠层的蒸散参数与土壤种类密切相关。SLAB 方案的主要变量是植被类型和土壤质地，能量计算包括辐射、潜热和感热通量，它将土壤分为 5 层，并且考虑了冰和海冰等雪盖效应。TD 方案又称为简单热量扩散方案，它将土壤分为 5 层，土壤湿度场和土壤基底层的温度保持不变，用于改进 MM5 模式对土壤温度计算的偏差，计算成本较低。PX 方案模拟了 2 层土壤温湿度场及植被冠层，水的蒸发有土壤表面蒸发、冠层蒸发和蒸散作用 3 种途径，表层参数的推导依赖于土地利用数据，对雪盖参数进行了改进，包括雪的体积热容量和雪覆盖率等。Noah 方案是基于 OSU（Oregon State University）陆面过程模式发展起来的，可预测 4 层土壤的温湿度，包含了雪盖、径流和蒸散等过程，为边界层方案提供感热和潜热通量，将格网看作均质区域，质量定义采用主导类型思维。Noah 方案的变种方案有 Noah–MP 和 Noah–mosaic 等，前者在 Noah 方案的基础上添加了水的垂直交换参数和植被物候参数，改进了关于雪盖过程和径流过程的描述；后者将 Noah 方案的格网尺度细化，将主导类型思维转换为多类型加权综合思维，体现了更细致的下垫面空间异质性。

对陆面过程参数化方案的研究主要分为 3 类：① 第 1 类是对不同方案预

报效果的对比分析，比较典型的工作包括王大山等、赖希柳等、谢菲等及马伟对不同参数化方案引起的温湿度差异的研究；② 第 2 类是对陆面过程参数化方案和边界层参数化方案组合预报效果的分析，包括陈杨瑞雪等模拟梅雨锋暴雨的显式对流，屠妮妮等模拟四川暴雨，以及邹海波等模拟湖效应降水的工作；③ 第 3 类是对陆面过程参数化方案的创新，如刘树华等发展了一个包含近地层大气、植被冠层和 4 层土壤的陆面过程方案，考虑了不同下垫面过程的相互作用，进而模拟不同气候区域的能量平衡，对中国西北地区开发过程中环境生态的研究和预测具有重要意义。Rosenzweig 等开发了一种新的陆面过程方案，并将其与 GCM（Genera lCirculation Model）－Ⅱ 模型耦合，形成 Ⅱ－LS 模型，该模型改进了对蒸发和地面温度日变化的模拟，并成功模拟了地表温度随深度变化的滞后性。这些新开发的方案相比于成熟的方案，对具体的场景往往更有针对性。

3.3.3　使用集合预报方法

为应对 NWP 的初始误差敏感性问题，可采用集合预报方法。如图 3－7 所示，集合预报一般是通过对初始条件进行扰动，得到同时刻的一系列初值成员，再分别向前进行集合预报，或是考虑物理过程不确定性，构建多个参数化方案组合成员进行集合预报。集合预报成员最好是各成员的预报评分比较接近，且各成员的整体离散度能够有效代表预报的不确定性范围。集合预报有利于知道真实大气中最有可能出现的一个预报值——集合平均预报。因为集合平均过滤掉

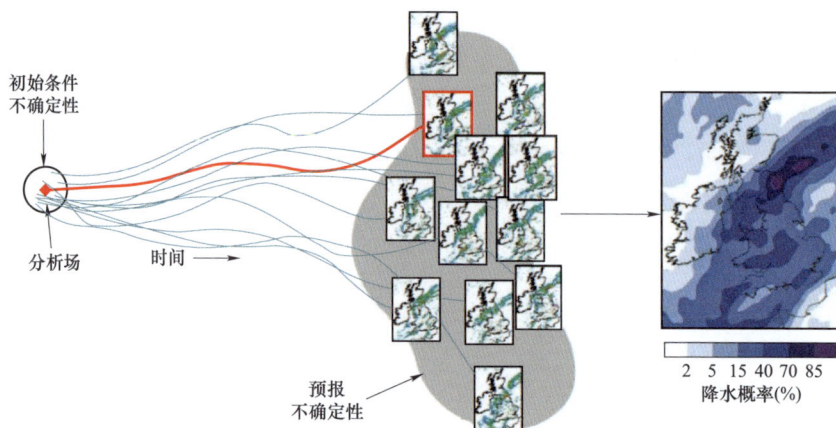

图 3－7　集合预报示意图

了可预报性低的随机成分，所以它是一个比较稳定和准确的预报。另外，用户不但能知道预报值，还可通过计算成员间的离散度，来度量预报结果可能出现的概率值，方便用户结合概率信息做出更全面地决策。

3.3.4　建立区域定制化预报模式

不同地区的地形、地貌及天气类型差别很大，应考虑有地区针对性的物理过程参数化方案组合，而非对所有地区都使用同一套方案（次网格物理过程参数化方案的模拟内容如图3-8所示）。对于地形、地貌复杂的风电场区域，应在考虑计算资源的情况下，尽可能地加密水平和垂直方向上的网格，并对边界层和陆面过程等影响近地面风速的参数化方案进行细调。同时，应考虑使用云分析手段同化局地的卫星、雷达、地基云图等观测资料，以改进辐照度预报效果。

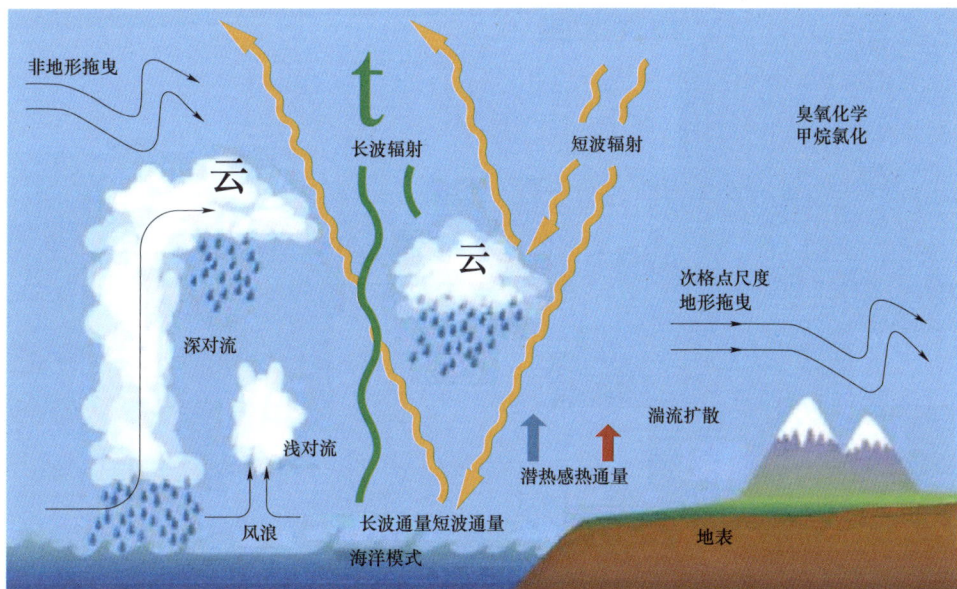

图3-8　次网格物理过程参数化方案的模拟内容

3.3.5　预报结果后处理订正

对于业务化运行的模式来说，相同或近似天气类型的预报结果往往非常接近，同样天气类型下的系统性偏差将会不断地"重现"。在具备一定量的实测气象观测数据后，可建立预报模式的统计后处理订正模块，即结合 ANN、卡尔曼滤波等方法，基于历史天气分型下误差的统计及当前天气形势的诊断，对风速、辐照度的预报结果进行统计订正。此外，针对微地形引起的风速变化，可使用精细化流场诊断工具，通过加速因子对风速进行订正，这些诊断模式的地形分辨率一般都为几十到几百米量级，使用了线性或非线性流体力学的风场计算方法，可有效改善由微地形引起的风速误差。

4

功率预测模型与评价标准

功率预测模型是一种用于预测未来电力系统中的功率需求的数学或统计模型。这些模型在能源管理、电力系统规划和调度，以及可再生能源整合中起着至关重要的作用。新能源功率预测模型主要有统计模型、机器学习模型、深度学习模型、集成学习模型及优化算法模型。为了评估新能源功率预测模型的性能，研究人员提出了多种性能评价指标，如均方根误差（$RMSE$）、平均绝对误差（MAE）、决定系数（R^2）等。这些指标能够全面反映预测结果的准确性和可靠性。功率预测模型的选择和评价是一个复杂的过程，需要考虑多种因素，包括预测的时间范围、所需的精度、可用的数据类型和数量，以及特定的应用场景。在实际应用中，可能需要根据具体情况调整模型参数或采用不同的评价标准。

▶ 4.1　新能源机组出力特性 ◀

以风力发电、太阳能发电为代表的新能源电力具有可持续、清洁等优势，但也存在间歇性强、波动性大、可控性差等不足。通过新能源电力自身的调节作用可以适当改善其输出特性，但难度大、代价高。火力发电、水力发电等传统发电形式具有较好的可控性，一直以来在电网实时功率平衡中发挥着重要作用。

随着新能源发电在电网中所占比例的逐渐增加，多种能源发电形式共存成为一种发展趋势，因此，对风电和光伏等分布式新能源的出力特性分析，对后续的分布式新能源接入电网分层分级主动支撑控制策略及方法研究具有重要的指导意义。

为评价风电/光伏机组分布式新能源出力特性，常用有功功率变化 ΔP_t 和有功功率变化标准差 δ 等指标对其进行描述。

ΔP_t 表示在某个时间尺度内的分布式新能源有功功率波动，是输出有功功率的最大值与最小值之差，定义如下：

$$\Delta P_t = \max\{P(t-\Delta t, t)\} - \min\{P(t-\Delta t, t)\} \qquad (4-1)$$

式中：$P(t-\Delta t, t)$ 为在时间区间 $[t-\Delta t, t]$ 有功功率的数集；Δt 为时间间隔。

新能源有功功率波动定义如图 4−1 所示。

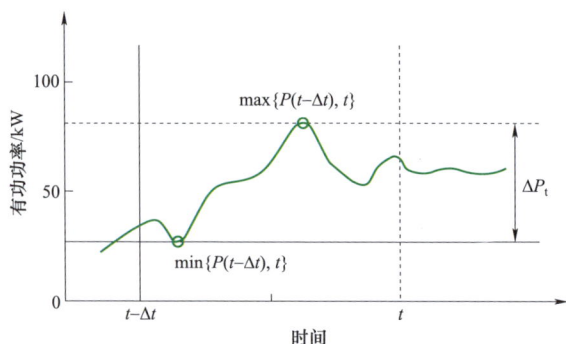

图 4−1　新能源有功功率波动定义

为了表征一定时间内分布式新能源功率波动的剧烈程度，定义功率变化的标准差为：

$$\delta = \sqrt{\frac{1}{n}\sum_{i=0}^{n-1}(\Delta P_{t+i} - \overline{\Delta P})^2}$$

$$\delta^* = \sqrt{\frac{1}{n}\sum_{i=0}^{n-1}(\Delta P_{t+i}^* - \overline{\Delta P^*})^2} \qquad (4-2)$$

式中：δ 与 δ^* 分别为风功率变化的标准差与标幺标准差；n 为统计时使用的时间段数量；$\overline{\Delta P}$ 及 $\overline{\Delta P^*}$ 分别为功率变化平均值及功率变化标幺平均值。

4.1.1　风能资源分布的随机性

风力发电的一次能源来源于风能，风电机组的出力特性与风的特性密切相关。自然界中风的大小和方向每时每刻都在变化，表现出一定的随机性与间歇性，因此风电机组或风电场输出功率也处于频繁的波动之中，且随季节、时段、气候的差异而变化。在同一地区内，其相邻日内风速具备一定的相似性。图 4−2 为某地区相邻两日的风速曲线图，可见两天均为递减型曲线，整体变化趋势一致，细化到每小时风速情况来看，两日的风速差异相似，平均风速相差约 1m/s。

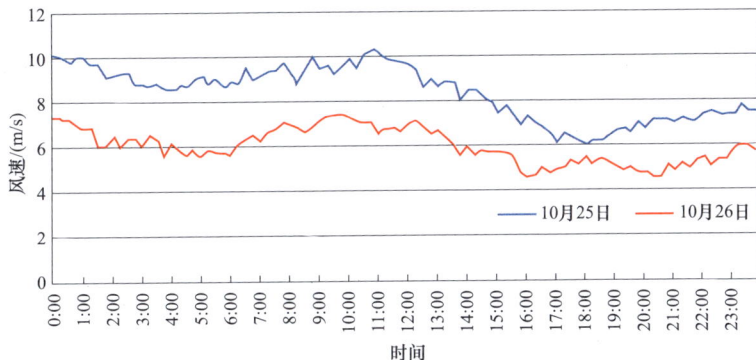

图 4−2　某地区相邻两日的风速曲线图

4.1.2　风电机组出力特性

风电机组的输出功率来自其叶片从可用风能中捕获的机械功率。根据空气动力学理论，风机捕获风能的数学模型可以表示为：

$$\begin{cases} P_\mathrm{m} = \dfrac{1}{2}\pi R^2 \rho C_p(\lambda,\beta)v^3 \\[2mm] \lambda = \dfrac{\omega R}{v} \\[2mm] C_p(\lambda,\beta) = 0.5176\left(\dfrac{116}{\lambda_i} - 0.4\beta - 5\right)e^{-\frac{21}{\lambda_i}} + 0.0068\lambda \\[2mm] \dfrac{1}{\lambda_i} = \dfrac{1}{\lambda + 0.08\beta} - \dfrac{0.035}{\beta^3 + 1} \end{cases} \qquad (4-3)$$

式中：P_m 为风机机械功率；ρ 为空气密度；R 为风轮半径；v 为风速；ω 为风机转速；$C_p(\lambda, \beta)$ 为风能利用系数，表示风机对风能的利用效率，是叶尖速比 λ 和桨距角 β 的函数。

单台风电机组的风速–功率曲线可以下式所示的分段函数表示：

$$P(v) = \begin{cases} 0, & 0 \leqslant v < v_{ci} \\ f(v), & v_{ci} \leqslant v < v_r \\ P_N, & v_r \leqslant v < v_{co} \\ 0, & v \geqslant v_{co} \end{cases} \qquad (4-4)$$

式中：v_{ci} 为风电机组切入风速；v_{co} 为切出风速；v_r 是额定风速；P_N 是风电机组的额定功率；$f(v)$ 是风速在切入风速和额定风速之间时，风电机组风速与风电功率之间的函数关系。

24h 内风机功率随风速波动变化曲线如图 4-3 所示。

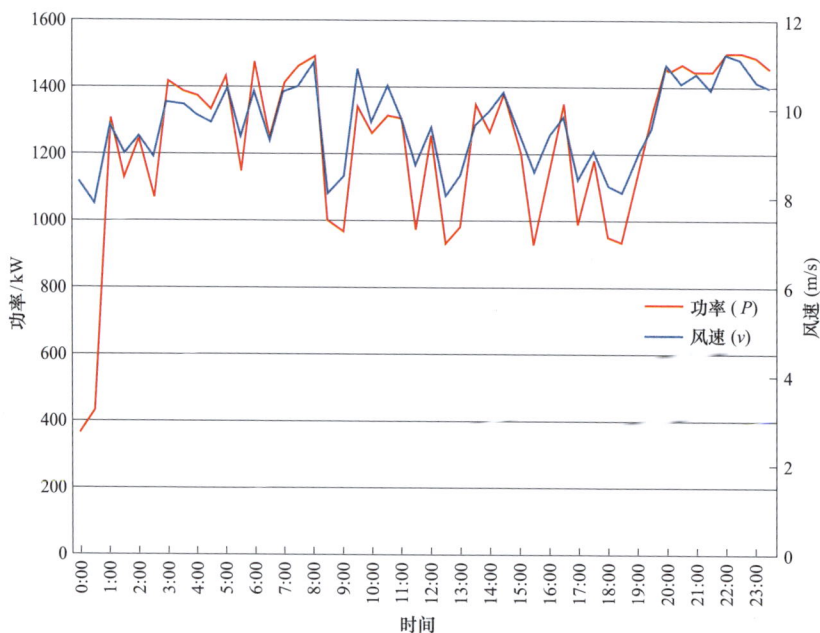

图 4-3　24h 内风机功率随风速波动变化曲线

通常，分布式风力发电机包含数台至数十台机组，在同一分布式风电场内，受风电场区域面积、场区地形地貌、机组排列方式等因素影响，每台风电机组轮毂高度处的风速存在一定差异，导致各机组输出功率往往不尽相同。不同的风电场之间，又因为地域性差异存在的风力水平差异，整体出力水平之间体现出随机的差异。

　　一般来说，风机空间距离越大，两风机处风速相关联性越小，表明风速之间差异性越大，风机输出功率之间的互补性越强。同一时间段内，随着机组数量的增加，风电场输出功率的波动随空间分布尺度的增大而趋于缓和，表现出明显的聚合效应。

　　单台风电机组、风电场、风电场群功率波动概率分布如图 4-4 所示。

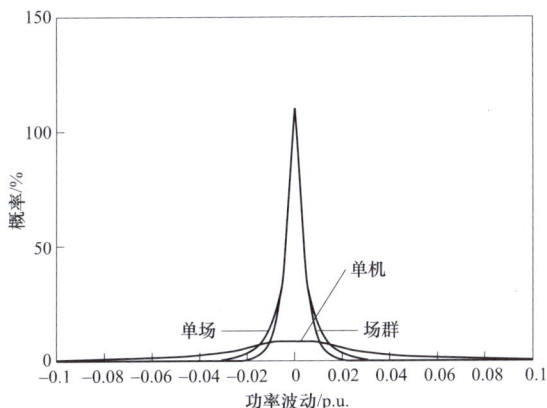

图 4-4　单台风电机组、风电场、风电场群
功率波动概率分布

4.1.3　光伏机组出力特性

　　影响光伏发电输出功率的主要外部因素包括太阳辐射强度和光伏电池板运行温度。在辐射强度为 350～1000W/m² 范围内，光伏发电系统的输出功率与辐射强度基本呈线性关系，而环境温度的影响作用小（温度偏差 10℃，功率变化约 5%）。在最大功率跟踪模式下，光伏发电输出功率可近似表示为：

$$P_{PV}=A\eta G[1-\beta(T-25)]\tag{4-5}$$

式中：G 为光辐射强度，W/m²；A 为光伏电池板面积，m²；η 为标准测试条件下的效率；T 为实际工作温度，℃；β 为温度系数，℃⁻¹，与太阳能电池材料有关，通常取 0.003～0.005。

受季节、昼夜、气候及天气等因素的影响，太阳能发电具有显著的间歇性、周期性和随机性。从年度来看，夏季太阳辐射强度较大，光伏电站出力较大；冬季太阳辐射强度较小，光伏电站出力较低。月总辐射从 1 月开始逐渐增加，到 5 月达到最大，6、7 月略有下降，但依然维持在一个较高的水平。因此，5～7 月是一年当中太阳辐射最丰富的三个月，此后逐渐减少，到 12 月降到全年最低。在多云天气下，光伏机组出力表现出无规律的间歇性，在阳光完全被云层遮挡时，只有微弱的功率输出，当云层间隙透过阳光的瞬间，功率输出急剧增大。太阳能辐射度的周期性如图 4-5 所示。

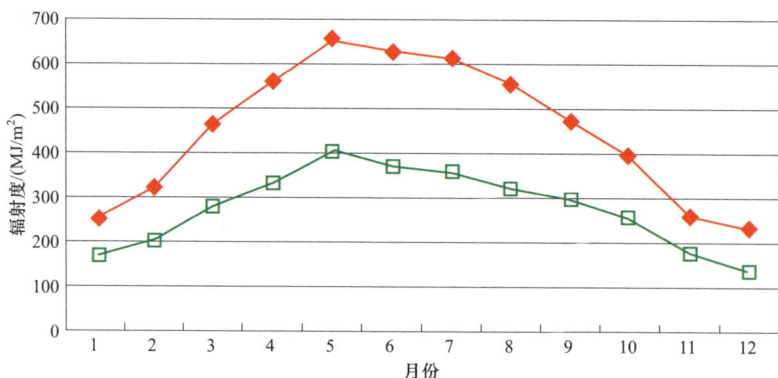

图 4-5 太阳能辐射度的周期性

从一天来看，上午随着太阳时角的增大，太阳辐射强度逐渐增大，直至正午增加到最大，下午逐渐降低。晴天时，相邻日之间光伏电站日发电量和出力曲线有较高的相关性，规律性强；对于多云和阴雨天的天气类型，相邻日之间的光伏出力曲线差异较大。当太阳被快速通过的云团频繁遮挡时，光伏出力表现出很强的随机波动性和间歇性。

如图 4-6 所示，选取了某光伏电站 7 天内出力曲线，从图中第一行左侧的子图（简称为子图 1）可以看出，该时段内光伏电站的有功功率表现为晴天状况下的出力形态，基本没有受云团运动的影响，作为对照样本；从第一行右侧的子图（简称为子图 2）可以看出，该时段内发生了因厚云团遮挡而导致的光伏电站出力大幅度波动。由于云团遮挡，1月23日10:30后光伏电站的出力在15min内从78450.3kW骤降到39872.5kW，发电功率的变化率为2572kW/min，即向下爬坡率约为2.57%/min的装机容量；发电功率发生跌落后，11:20后在15min内又骤升至63364.8kW，发电功率的变化率为1566kW/min，即向上爬坡率约为1.57%的装机容量；紧接着11:40后再次发生跌落下降至39213.4kW，并在后续的30min内在±5000kW的范围内来回波动。由此可得，在90min内云团的移动，导致光伏电站的发电功率多次发生骤变，发电功率变化量超过装机容量的40%，爬坡率最大约为2.6%/min的装机容量。

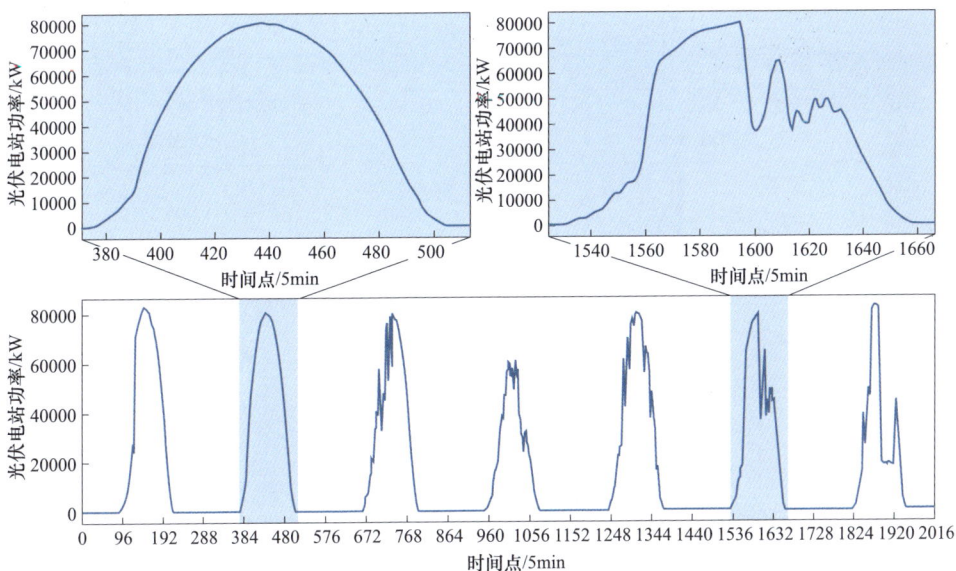

图4-6　7天内某光伏电站出力曲线

4.1.4　不同天气下光伏出力特性

为了进一步分析不同天气类型下云层遮挡对光伏出力造成的影响，这里根据常见天气状况将天气类型分为晴天、阴天、雨天、晴天多云、晴转雨及阴转雨6类，图4-7分别给出不同天气类型下的典型光伏出力曲线。

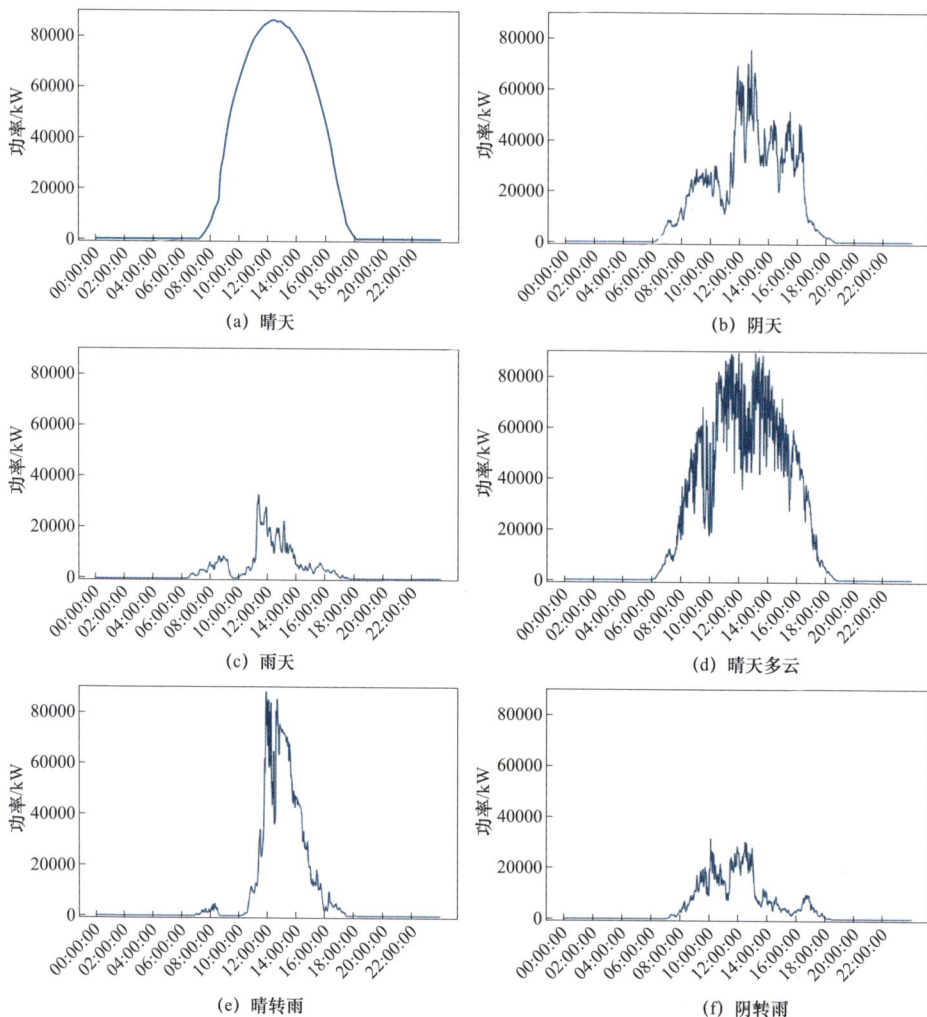

(a) 晴天　　　　　　　　　　　　　(b) 阴天

(c) 雨天　　　　　　　　　　　　　(d) 晴天多云

(e) 晴转雨　　　　　　　　　　　　(f) 阴转雨

图 4-7　不同天气类型下的典型光伏出力曲线

从图 4-7 可以看出，除了晴天和雨天 2 种天气类型外，其余天气状况下的光伏电站出力受云团运动影响而产生的功率波动现象都比较频繁，且波动幅度最高能达到额定容量的 70%。同时，不同天气类型下单次光伏出力波动的时间尺度也存在差异，晴天和雨天状态下光伏出力波动以小时级为单位，波动时间较长，波动变化相较不明显；阴转雨和晴转雨状态下光伏出力波动时间以 15min 级为单位，存在少数大幅度波动；阴天和晴天多云状态下光伏出力波动时间以 1min 级为单位，存在大量大幅度波动，波动变化剧烈。

4.2 新能源功率预测技术

新能源功率预测工作主要涉及数据收集与处理、模型选择与构建、模型训练与优化、结果评估与应用等多个步骤，旨在准确预测未来一段时间内新能源发电场站的功率输出。新能源功率预测工作是一个复杂而系统的过程，需要综合考虑多种因素和方法。随着技术的不断进步和应用的深入，未来新能源功率预测将在电力行业发挥更大的作用。

4.2.1 新能源功率预测概述

1. 开展新能源功率预测工作的必要性

（1）优化电力系统运行。平衡供需关系，新能源（如风能、太阳能）受天气和时间影响较大，功率预测能够帮助电网运营商提前了解新能源发电的情况，从而更好地平衡电力供需；提高电力调度效率，通过准确的预测，电网可以更有效地调度其他电源（如火电、水电等），提高整体系统效率。

（2）促进可再生能源的利用。提高新能源占比，准确的功率预测能够增强对新能源的信心，从而推动其在能源结构中的占比，提高可再生能源的利用率；降低备用容量需求，准确预测新能源发电量可以减少对备用容量的需求，降低电力系统的运行成本。

（3）保障电网安全。防止电力系统故障，合理的功率预测可以帮助预防因新能源发电波动引起的电力系统故障，保障电力供应的稳定性和可靠性；提升应急响应能力，在突发情况下，准确的预测能够帮助应急管理，提高电网的抗风险能力。

（4）推动可持续发展与减排。降低碳排放，提高新能源发电的比例，有助于减少温室气体排放，助力国家实现碳中和目标；促进绿色经济，新能源产业的发展带动相关产业链，促进经济转型，推动绿色经济发展。

（5）影响社会和国家。加强能源安全，通过发展新能源，减少对传统化石能源的依赖，提高国家能源安全；促进地方经济发展，新能源项目的建设和运营能够带动地方就业与经济发展，促进区域经济平衡；提升国际竞争力，在全球能源转型背景下，掌握新能源技术和预测能力，能够提高国家在国际市场的竞争力。

新能源功率预测工作是实现能源转型、保障电力安全、促进节能减排的重要措施，其开展不仅能够提升电力系统的运行效率，也对社会的可持续发展和国家的经济安全具有深远的影响。

2. 新能源功率预测工作内容概述

新能源功率预测的主要内容可以分为以下几个方面：

（1）数据收集与处理。包括历史气象数据：温度、湿度、风速、光照强度等气象要素；历史发电数据：相应时间段内的新能源发电量数据（如风电、光伏）；其他相关数据：如电网负荷数据、设备状态数据等。

（2）模型选择与构建。包括机器学习模型：如支持向量机（SVM）、随机森林（RF）、神经网络（NN）等；深度学习模型：如长短期记忆网络（LSTM）、卷积神经网络（CNN）等，尤其适用于处理大规模数据和复杂关系。

（3）预测方法选择。包括短期预测：对未来几小时至几天的发电量进行预测，通常要求高时效性和精确度；中期预测：针对几天至几周的发电情况进行预测，关注整体趋势和变化；长期预测：对一个季度或更长时间段的发电量进行预测，关注季节性变化和长期规划。

（4）模型评估与优化。模型评估：通过使用均方根误差（RMSE）、平均绝对误差（MAE）、平均绝对百分比误差（MAPE）等指标，来评估模型的预测准确性；模型优化：通过交叉验证、参数调整和特征选择等方法，不断优化预测模型。

（5）结果应用。包括发电调度：根据预测结果进行电力调度，优化能源的配置与使用；电网管理：为电网运营提供决策支持，确保电力供应的稳定性和可靠性；市场交易：为电力市场的交易提供依据，帮助电力生产者和消费者进行合理交易。

（6）不确定性分析。包括不确定性来源：分析预测中的不确定性，包括气象变化、系统动态等；应对策略：制定应对不确定性的策略，如增加备用容量、灵活调度等。

（7）实时监测与反馈。包括实时数据获取：通过传感器和监测设备实时获取气象和发电数据；动态调整：根据实时数据修正预测结果，提升预测的动态适应能力。

（8）可视化与报告。包括结果可视化：通过图表等形式展示预测结果，便于决策者理解和应用；报告生成：定期生成预测报告，提供给相关利益相关者。

综上所述，新能源功率预测的内容涵盖了从数据收集到模型评估，结果应用及不确定性分析等多个方面，旨在提高新能源利用效率，保障电力系统的安全与稳定。

3. 新能源功率预测的发展前景及趋势

（1）发展前景：

1）政策支持。全球各国日益重视可再生能源的开发与利用，相关政策的支持将推动新能源功率预测技术的发展。

2）技术进步。随着大数据、人工智能、机器学习等技术的进步，新能源功率预测的准确性和效率将显著提高。

3）市场需求。电力市场对新能源的需求不断增加，尤其是在峰谷电价策略和绿色电力交易的推动下，精准的功率预测将变得愈发重要。

4）电网安全性。随着新能源比例的提高，电网的安全性和稳定性面临挑战，功率预测能有效提高电网调度的灵活性和可靠性。

5）全球气候变化。应对气候变化的需求将推动对清洁能源的投资，增强新能源功率预测的必要性。

（2）发展趋势：

1）集成多种数据源。未来的预测模型将集成气象数据、历史发电数据、电网负荷、地理信息等多种数据，以提高预测精度。

2）智能化与自动化。利用机器学习和深度学习技术自动生成和优化预测模型，提升预测的智能化水平。

3）实时预测与动态调整。对新能源功率进行实时监测和预测，结合实时数据进行动态调整，提高发电调度的灵活性。

4）云计算与边缘计算的应用。借助云计算平台和边缘计算技术，处理和分析海量数据，提高预测的效率和速度。

5）区块链技术的应用。在电力市场中引入区块链技术，确保数据的透明性和可靠性，提高新能源交易的可信度。

6）跨区域协同。随着电力市场的开放和跨区域电力交易的增加，各地区的新能源功率预测将逐步实现协调和合作。

7）用户参与和反馈机制。建立用户参与的机制，结合用户的用电数据和反馈，优化预测模型，提高预测的针对性。

新能源功率预测在全球能源转型背景下具有广阔的发展前景。随着技术的不断进步和市场需求的增加，精准的功率预测将成为新能源领域的重要支撑，为实现可持续发展目标提供有力保障。

4.2.2　新能源功率预测数据收集与处理

4.2.2.1　数据收集

数据收集内容主要包括温度、湿度、风速、光照强度等气象数据，历史新能源（风电、光伏等）发电量等发电数据，用电高峰时段和日负荷变化等电网负荷数据，以及设备状态、维护记录等其他相关数据。

1. 风电功率预测数据收集内容及方式

（1）数据内容。风电功率预测数据内容主要有：

1）气象数据。风速：为关键因素，通常以米/秒（m/s）为单位；风向：以角度（度）表示，影响风机的性能；温度：空气温度，对风电发电效率有一定影响；湿度：影响风力发电效率和设备磨损；气压：气压变化可能影响风速的预测。

2）发电数据。历史发电量：以千瓦时（kWh）或兆瓦时（MWh）为单位表示的历史发电数据；发电机组状态：每个风机的运行状态（正常、故障等）。

3）地理信息。风电场位置：风电场的经纬度，地形和周围环境（如山脉、建筑物等）；风机参数：风机的额定功率、叶片长度等技术参数。

4）负荷数据。主要是电网负荷，如用电峰谷变化数据，有助于了解风电发电的需求。

5）其他相关数据。维护记录：风机的维护和故障记录，可能影响发电能力；市场数据：电力市场的价格变化和政策信息。

（2）数据收集方式。气象数据可通过全球模式天气预报系统或区域模式天气预报系统获取，比较著名的全球模式天气预报系统主要包括美国的全球预报系统（Globle Forecast System，GFS）、欧洲中期天气预报中心的综合预测系统（Integrated Forecasting System，IFS）、加拿大的全球多尺度模型环境预报系统（Global Environmental Multiscale model，GEM）、日本的全球谱模型预报系统（Global Spectral Model，GSM）、中国的全球集合预报系统（简称T639）和全球实时大气数据集成系统；目前较为著名的区域模式天气预报系统包括美国的

WRF 模式（Weather Research and Forecasting Model，WRF）、美国的 MPAS 模式（Model for Prediction Across Scales，MPAS），以及中国的全球/区域同化预报系统中尺度模式（Global/Regional Assimilation and Prediction System-Mesoscale Model，GRAPES-MESO）。风电场数据可通过风电场监测设备风速仪实时监测风速和风向或通过气象塔收集更高层次的风速和气象数据，也可以利用遥感技术中的雷达和激光测风仪获取大范围的风速和风向数据，还可以通过专门的风电数据平台实现相关数据的在线访问。历史数据的收集包括发电数据和气象数据，发电数据通常从电网公司或风电场运营商获取，收集过去的气象数据，以便进行趋势分析和模型训练。

有效的风电功率预测依赖于全面、准确的数据收集。通过多种方式获取气象、发电、地理和负荷等数据，有助于构建更精准的预测模型，提高风电的利用效率和电网的运行稳定性。

2. 光伏功率预测数据收集方式及内容

（1）数据内容。光伏功率预测主要数据内容主要有：

1）气象数据。辐照度：单位为瓦/米^2（W/m^2），是光伏发电的重要指标；温度：空气温度及光伏组件温度（通常影响发电效率）；湿度：对光伏发电效率有一定影响；风速：影响光伏组件的散热和发电效率；降水量：可能影响辐照度和光伏组件的清洁程度。

2）发电数据。历史发电量：以千瓦时（kWh）或兆瓦时（MWh）为单位表示的历史发电数据；实时功率输出：当前光伏系统的发电功率；效率数据：光伏系统的工作效率，通常由逆变器提供。

3）地理信息。光伏系统位置：光伏电站的经纬度，地形和周边环境（如建筑物、树木等）；倾斜角和方位角：光伏组件的安装角度和方向，影响光照吸收。

4）负荷数据。主要是电网负荷，如用电高峰期和负荷变化数据，有助于了解光伏电力的需求。

5）其他相关数据。维护记录：光伏系统的维护与故障记录，可能影响发电能力；市场数据：电力市场的价格变化和政策信息。

（2）数据收集方式。气象站数据可通过本地气象站收集实时气象数据（如温度、湿度、风速、降水量、光照强度等），或通过中国气象局网站或 API 获取区域气象数据，也可利用遥感技术的卫星影像获取大范围的地面辐照度和云层分布信息及通过气象雷达获取云层移动和降水信息。光伏数据可通过光伏阵列监测设备光伏组件传感器实时监测光照强度（辐照度）、工作温度等数据及逆变器的实时输出数据，包括功率、效率等信息，还可通过专门的光伏数据平台实现相关数据的在线访问。从光伏电站运营商或电网公司可获取历史发电量数据。

4.2.2.2 数据处理

1. 数据清洗

（1）缺失值处理。识别数据集中的缺失值，并应用插值、均值填充或其他合适的方法进行填补，以保证数据完整性。在新能源功率预测的数据清洗过程中，缺失值处理是至关重要的一步。常用的缺失值处理方法包括以下几种：

1）均值填充（Mean Imputation）。用特征的均值替代缺失值。公式如下：

$$x' = \begin{cases} x & \text{if } x \text{ is not missing} \\ \tilde{x} & \text{if } x \text{ is missing} \end{cases} \tag{4-6}$$

式中：$\tilde{x}$ 为特征的均值。

MATLAB 代码示例：

```
1. data=[1;2;NaN;4;5];%示例数据
2. meanValue=nanmean(data);%计算均值,忽略 NaN
3. data(isnan(data))=meanValue;%用均值填充缺失值
```

2）中位数填充（Median Imputation）。用特征的中位数替代缺失值。公式如下：

$$x' = \begin{cases} x & \text{if } x \text{ is not missing} \\ \overline{x} & \text{if } x \text{ is missing} \end{cases} \tag{4-7}$$

式中：$\overline{x}$ 为特征的中位数。

MATLAB 代码示例：

```
1. data=[1;2;NaN;4;5];%示例数据
2. medianValue=nanmedian(data);%计算中位数,忽略 NaN
3. data(isnan(data))=medianValue;%用中位数填充缺失值
```

3）插值法（Interpolation）。根据已知数据点进行插值，填补缺失值。

MATLAB 代码示例：

```
1. data=[1;2;NaN;4;5];%示例数据
2. data=fillmissing(data,'linear');%线性插值法
```

4）前向填充（Forward Fill）。用前一个非缺失值填补缺失值。

MATLAB 代码示例：

```
1. data=[1;2;NaN;4;5];%示例数据
2. data=fillmissing(data,'previous');%前向填充
```

5）后向填充（Backward Fill）。用后一个非缺失值填补缺失值。

MATLAB 代码示例：

```
1. data=[1;2;NaN;4;5];%示例数据
2. data=fillmissing(data,'next');%后向填充
```

6）使用模型预测缺失值。使用回归模型等方法预测缺失值。

MATLAB 代码示例：

```
1. data=[1;2;NaN;4;5];%示例数据
2. %创建特征和标签
3. X=(1:length(data))';%创建索引作为特征
4. y=data;%目标变量
5.
6. %删除缺失值
7. X(isnan(y),:)=[];
8. y(isnan(y))=[];
9.
10. %训练线性回归模型
11. mdl=fitlm(X,y);
12.
13. %预测缺失值
14. missingIndex=find(isnan(data));
15. predictedValues=predict(mdl,missingIndex');
16. data(missingIndex)=predictedValues;%用预测值填充缺失值
```

不同的缺失值处理方法适用于不同情况，选择适合的方法可以显著提高数据质量，进而提高模型的预测性能。根据具体的数据特性和业务需求，灵活应用上述方法。例如，对于时间序列数据，插值或前向/后向填充可能更合适，而在特征分布相对均匀的情况下，均值或中位数填充可能有效。

（2）异常值检测与处理。通过统计方法（如标准差法、箱线图）识别异常

值，并决定是剔除还是修正这些异常数据，以提高数据的准确性。在新能源功率预测的数据处理过程中，异常值检测与处理是确保数据质量的重要步骤。以下是几种常用的异常值检测与处理方法：

1）Z-score 方法。通过计算每个数据点的 Z-score（标准化分数）来检测异常值。一般来说，Z-score 的绝对值大于 3 的数据点被认为是异常值。公式如下：

$$Z = \frac{x - \mu}{\sigma} \tag{4-8}$$

式中：μ 为均值；σ 为标准差。

MATLAB 代码示例：

```
1. data=[1;2;2;3;2;100;4;5];%示例数据

2. meanValue=mean(data);

3. stdValue=std(data);

4. zScore=(data-meanValue)/stdValue;

5.

6. %检测异常值

7. threshold=3;%Z-score 阈值

8. outliers=find(abs(zScore)>threshold);

9. data(outliers)=meanValue;%用均值替换异常值
```

2）IQR（四分位距）方法。通过计算数据的第一四分位数（$Q1$）和第三四分位数（$Q3$），以及四分位距（$IQR=Q3-Q1$）来检测异常值。通常，低于（$Q1-1.5\times IQR$）或高于（$Q3+1.5\times IQR$）的值被视为异常值。公式如下：

$$\begin{aligned} IQR &= Q3 - Q1 \\ LowerBound &= Q1 - 1.5 \times IQR \\ UpperBound &= Q3 + 1.5 \times IQR \end{aligned} \tag{4-9}$$

式中：$Q1$ 为数据集的前 25%部分，是数据集中较小的一半的中位数；$Q2$ 为数据集的中间值，将数据集分为相等的两部分；$Q3$ 为数据集的后 75%部分，是数据集中较大的一半的中位数；IQR 为数据集中间 50%数据的范围，即 $Q3$ 与 $Q1$ 的差值，反映了数据的离散程度，且不受极端值的影响。

MATLAB 代码示例：

```
1. data=[1;2;2;3;2;100;4;5];%示例数据
```

```
2. Q1=quantile(data,0.25);

3. Q3=quantile(data,0.75);

4. IQR=Q3-Q1;

5.

6. %计算上下限

7. lowerBound=Q1-1.5 * IQR;

8. upperBound=Q3 + 1.5 * IQR;

9.

10. %检测异常值

11. outliers=find(data<lowerBound | data>upperBound);

12. data(outliers)=mean(data);%用均值替换异常值
```

3）基于箱线图的检测。利用箱线图可视化检测异常值，通常通过计算 IQR 进行判断。

MATLAB 代码示例：

```
1. data=[1;2;2;3;2;100;4;5];%示例数据

2. boxplot(data);%绘制箱线图
```

4）变换法（如对数变换）。对数据进行变换，使其分布更接近正态分布，从而减小异常值的影响。

MATLAB 代码示例：

```
1. data=[1;2;2;3;2;100;4;5];%示例数据

2. dataLog=log(data(data>0));%对正数进行对数变换
```

5）使用模型检测异常值。应用机器学习或统计模型（如回归、聚类等）检测异常值。

MATLAB 代码示例：

```
1. data=[1;2;2;3;2;100;4;5];%示例数据

2. %创建训练数据集，去掉异常值

3. X=(1:length(data))';%特征:索引

4. y=data;%目标变量

5. mdl=fitlm(X,y);%线性回归模型

6.

7. %预测值
```

```
8. predictedValues=predict(mdl,X);

9. residuals=abs(y-predictedValues);%计算残差

10.

11. %设定阈值

12. threshold=10;%自定义阈值

13. outliers=find(residuals>threshold);

14. data(outliers)=mean(data);%用均值替换异常值
```

不同的异常值检测与处理方法适用于不同的数据特性和业务需求。根据具体情况，选择合适的方法处理异常值可以显著提高数据质量，进而提升模型的预测性能。使用 MATLAB 中的多种工具和函数，可以高效地实现异常值处理。

（3）数据一致性检查。在新能源功率预测的数据处理过程中，数据一致性检查是确保数据质量的重要步骤，为了确保来自不同来源的数据在格式、单位和范围上保持一致，避免因数据不一致导致的分析错误。

1）格式一致性检查。确保数据格式统一，例如日期格式、数值格式等。可以使用正则表达式或日期函数进行检查和修正。

MATLAB 代码示例：

```
1. data={'2023-01-01';'2023/01/02';'2023-01-03'};%示例日期数据

2.

3. %检查并统一日期格式

4. for i=1:length(data)

5. data{i}=datetime(data{i},'InputFormat','yyyy-MM-dd','Format',
'yyyy-MM-dd');

6. end
```

2）单位一致性检查。确保所有数据采用相同的单位。例如，将功率数据单位统一为瓦（W）或千瓦（kW）。

MATLAB 代码示例：

```
1. data=[1000;2;3000];%示例数据,单位:瓦(W)

2. %假设第二个元素是千瓦(kW),需要转换为瓦(W)

3. data(2)=data(2)*1000;%将千瓦转换为瓦
```

3）范围检查。检查数据是否在合理范围内，例如功率的物理限制。

MATLAB 代码示例：

```
1. data=[100;200;-50;300];%示例功率数据

2. %定义合理范围

3. minValue=0;%最小值

4. maxValue=250;%最大值

5.

6. %检查并替换不合规数据

7. data(data<minValue | data>maxValue)=NaN;%替换为NaN
```

4）唯一性检查。检查数据集中是否存在重复项，特别是在标识符字段（如设备 ID、时间戳等）。

MATLAB 代码示例：

```
1. data=[1;2;2;3;4];%示例数据,可能包含重复项

2. [uniqueData,idx,~]=unique(data);%找到唯一值

3. duplicateIndices=setdiff(1:length(data),idx);%找到重复项的索引

4.

5. %替换重复项为NaN

6. data(duplicateIndices)=NaN;
```

5）相依性检查。检查不同特征之间的逻辑关系是否一致。例如，风速和功率之间的关系。

MATLAB 代码示例：

```
1. windSpeed=[0;5;10;15;20];%示例风速数据

2. powerOutput=[0;10;40;80;100];%示例功率输出数据

3.

4. %检查风速和功率输出的关系

5. for i=1:length(windSpeed)

6. if windSpeed(i)<5 && powerOutput(i)>10

7. disp(['不一致数据:风速' num2str(windSpeed(i))',功率' num2str
(powerOutput(i))]);

8. powerOutput(i)=NaN;%将不一致数据替换为NaN

9. end

10. end
```

数据一致性检查是确保新能源功率预测模型准确性的关键环节。通过以上

方法和代码示例，可以有效地进行数据一致性检查，确保数据的准确性和可靠性。在实际应用中，可根据具体的数据特性和业务需求，灵活地调整检查和处理的策略。

2. 数据转换

（1）标准化与归一化。对数据进行标准化（如 Z-score 标准化）或归一化（如 Min-Max 缩放）处理，以消除不同量纲之间的影响，提高模型训练效果。在新能源功率预测的数据处理中，标准化和归一化是常用的数据转换方法，主要用于提高模型的训练效果和收敛速度。以下是常见的标准化与归一化方法。

1）Z-score 标准化。通过计算 Z-score，将数据转换为均值为 0，标准差为 1 的分布。公式如下：

$$Z = \frac{x - \mu}{\sigma} \qquad (4-10)$$

式中：μ 为均值；σ 为标准差。

MATLAB 代码示例：

```
1. data=[1;2;3;4;5];%示例数据
2. meanValue=mean(data);
3. stdValue=std(data);
4. zScore=(data-meanValue)/stdValue;%Z-score 标准化
5. disp(zScore);
```

2）Min-Max 归一化。将数据缩放到 [0，1] 范围内。公式如下：

$$x' = \frac{x - \min(X)}{\max(X) - \min(X)} \qquad (4-11)$$

式中：X 为原始数据值；$\min(X)$ 为数据集的最小值；$\max(X)$ 为数据集的最大值；x' 为归一化后的数据值。

MATLAB 代码示例：

```
1. data=[1;2;3;4;5];%示例数据
2. minValue=min(data);
3. maxValue=max(data);
4. normalizedData=(data-minValue)/(maxValue-minValue);%Min-Max 归
一化
```

```
5. disp(normalizedData);
```

3）归一化到任意范围。将数据缩放到指定范围 $[a, b]$，通过调整参数 a 和 b，可将数据映射到不同范围。公式如下：

$$x' = a + \frac{[x - \min(X)] \cdot (b - a)}{\max(X) - \min(X)} \tag{4-12}$$

式中：a、b 表示数据缩放范围。

MATLAB 代码示例：

```
1. data=[1;2;3;4;5];%示例数据

2. minValue=min(data);

3. maxValue=max(data);

4. a=10;%最小值

5. b=20;%最大值

6. normalizedData=a + ((data-minValue)*(b-a))/(maxValue-minValue);
%归一化到[10,20]

7. disp(normalizedData);
```

4）对数变换。对数据进行自然对数变换，以减少数据的偏态分布。公式如下：

$$x' = \log(x) \tag{4-13}$$

MATLAB 代码示例：

```
1. data=[1;2;3;4;5];%示例数据

2. logTransformedData=log(data);%对数变换

3. disp(logTransformedData);
```

5）Box-Cox 变换。通过 Box-Cox 变换使数据更接近正态分布。公式如下：

$$y(\lambda) = \begin{cases} \dfrac{x^{\lambda} - 1}{\lambda} & , \lambda \neq 0 \\ \log(x) & , \lambda = 0 \end{cases} \tag{4-14}$$

MATLAB 代码示例：

```
1. data=[1;2;3;4;5];%示例数据

2. lambda=0.5;%自定义λ值

3. if lambda==0

4. transformedData=log(data);
```

```
5. else
6. transformedData=(data.^lambda-1)/lambda;%Box-Cox 变换
7. end
8. disp(transformedData);
```

选择合适的标准化或归一化方法对于新能源功率预测模型的性能至关重要。可以根据数据的分布特性和模型需求选择适当的方法。

（2）特征提取与选择。在新能源功率预测的数据处理中，特征提取与选择是提高模型性能的重要步骤。从原始数据中提取关键特征，如辐照度、温度变化、风速波动等，使用特征选择方法（如 LASSO、决策树特征重要性等）筛选出最具预测能力的特征。

1）特征提取：

a. 时间特征提取。从时间戳提取出年、月、日、小时等特征。

MATLAB 代码示例：

```
1. datetimeData=datetime({'2023-01-01 12:00';'2023-01-02 15:30'});%示例日期时间数据
2. yearFeature=year(datetimeData);
3. monthFeature=month(datetimeData);
4. dayFeature=day(datetimeData);
5. hourFeature=hour(datetimeData);
6. disp([yearFeature,monthFeature,dayFeature,hourFeature]);
```

b. 滚动统计特征。计算滚动窗口的均值、标准差等特征。滚动均值公式如下：

$$\text{Rolling Mean}(t)=\frac{1}{n}\sum_{i=t-n+1}^{t}x_i \qquad (4-15)$$

式中：Rolling Mean（t）为时间点 t 的滚动均值；t 为当前时间点的索引；n 为窗口大小，即计算均值时所包含的数据点的数量；x_i 为时间序列中的第 i 个数据点。

MATLAB 代码示例：

```
1. data=[1;2;3;4;5;6;7;8;9;10];%示例数据
2. windowSize=3;%窗口大小
3. rollingMean=movmean(data,windowSize);
```

```
4. disp(rollingMean);
```

c. Fourier 变换.将时域信号转换到频域，提取频率特征。公式如下：

$$X(f) = \int_{-\infty}^{\infty} x(t)\mathrm{e}^{-j2\pi ft}\mathrm{d}t \tag{4-16}$$

MATLAB 代码示例：

```
1. data=[1;2;3;4;5];%示例数据

2. N=length(data);

3. f=(0:N-1)/N;%频率向量

4. fftData=abs(fft(data));%计算傅里叶变换

5. disp(fftData);
```

2）特征选择

a. 相关性分析。计算特征与目标变量之间的相关性，选择相关性高的特征。皮尔逊相关系数公式如下：

$$r = \frac{\sum(x_i - \overline{x})(y_i - \overline{y})}{\sqrt{\sum(x_i - \overline{x})^2 \sum(y_i - \overline{y})^2}} \tag{4-17}$$

MATLAB 代码示例：

```
1. data=rand(100,3);%示例数据,100 个样本和 3 个特征

2. target=rand(100,1);%目标变量

3. correlationMatrix=corr(data,target);

4. disp(correlationMatrix);
```

b. 方差选择法。选择方差大于某一阈值的特征。方差选择法公式如下：

$$\sigma^2 = \frac{1}{N}\sum_{i=1}^{N}(x_i - \overline{x})^2 \tag{4-18}$$

MATLAB 代码示例：

```
1. data=rand(100,5);%示例数据

2. variances=var(data);%计算方差

3. threshold=0.1;%方差阈值

4. selectedFeatures=data(:,variances>threshold);%选择方差大于阈值的
特征

5. disp(selectedFeatures);
```

c. LASSO 回归。通过 L1 正则化选择特征。将不重要的特征系数压缩为零。

MATLAB 代码示例：

```
1. data=rand(100,5);%示例数据

2. target=rand(100,1);%目标变量

3. [B,FitInfo]=lasso(data,target,'Lambda',0.1);%LASSO 回归

4. selectedFeatures=B(B~=0);%选出非零系数的特征

5. disp(selectedFeatures);
```

通过特征提取和选择，可以从原始数据中提炼出对新能源功率预测有用的信息，从而提高模型的效果。上述方法和 MATLAB 代码示例提供了从特征提取到特征选择的多种手段，可以根据具体需求进行选择和调整。

（3）时间序列处理。处理时间序列数据，包括平滑、差分、滑动窗口等方法，以捕捉数据中的趋势和季节性变化。

1）时间序列平滑：

a. 移动平均。通过计算滑动窗口内的均值来平滑数据。公式如下：

$$\text{MA}(t) = \frac{1}{n} \sum_{i=t-n+1}^{t} x_i \qquad (4-19)$$

MATLAB 代码示例：

```
1. data=[1;2;3;4;5;6;7;8;9;10];%示例数据

2. windowSize=3;%窗口大小

3. smoothedData=movmean(data,windowSize);

4. disp(smoothedData);
```

b. 指数平滑。使用加权平均来平滑时间序列数据。公式如下：

$$S_t = \alpha x_t + (1-\alpha)S_{t-1} \qquad (4-20)$$

式中：α 为平滑因了（$0 < \alpha < 1$）。

MATLAB 代码示例：

```
1. data=[1;2;3;4;5;6;7;8;9;10];%示例数据

2. alpha=0.3;%平滑因子

3. smoothedData=zeros(size(data));

4. smoothedData(1)=data(1);%初始化

5.

6. for t=2:length(data)

7. smoothedData(t)=alpha * data(t) + (1-alpha) * smoothedData(t-1);
```

```
8. end
```

```
9.
```

```
10. disp(smoothedData);
```

2）时间序列分解。将时间序列分解为趋势、季节性和残差。

MATLAB 代码示例：

```
1. data=rand(1,100);%示例数据
```

```
2. data=data + sin(1:100) + (1:100)* 0.1;%添加趋势和季节性
```

```
3.
```

```
4. %使用内置函数进行分解
```

```
5. decomposedData=seasonal_decompose(data','additive');
```

```
6. disp(decomposedData);
```

3）自回归模型（AR）。预测当前值基于前几个时间点的值。公式如下：

$$x_t = c + \phi_1 x_{t-1} + \phi_2 x_{t-2} + \cdots + \phi_p x_{t-p} + \epsilon_t \tag{4-21}$$

MATLAB 代码示例：

```
1. data=randn(100,1);%示例数据
```

```
2. model=ar(data,2);%使用 2 阶自回归模型
```

```
3. disp(model);
```

4）差分方法。通过计算当前值与前一个值的差来消除趋势。公式如下：

$$d_t = x_t - x_{t-1} \tag{4-22}$$

MATLAB 代码示例：

```
1. data=[1;2;3;4;5;6;7;8;9;10];%示例数据
```

```
2. differencedData=diff(data);
```

```
3. disp(differencedData);
```

5）滚动窗口。在固定的时间窗口内进行分析。

MATLAB 代码示例：

```
1. data=[1;2;3;4;5;6;7;8;9;10];%示例数据
```

```
2. windowSize=3;%窗口大小
```

```
3. rollingSum=movsum(data,windowSize);
```

```
4. disp(rollingSum);
```

时间序列处理方法在新能源功率预测中起着重要作用。通过平滑、分解、

自回归建模等方法，可以有效地分析和预测时间序列数据。

3. 数据整合

（1）多源数据整合。将气象数据、历史发电数据、电网负荷等来自不同来源的数据整合到一个统一的数据库中，以便于分析和建模。

1）数据合并。按时间戳合并，根据时间戳将多个数据集进行合并。

MATLAB 代码示例：

```
1.%示例数据
2. data1=table(datetime({'2023-01-01 12:00';'2023-01-01 12:30'}),
[10;20],'VariableNames',{'Time','Value1'});
3. data2=table(datetime({'2023-01-01 12:00';'2023-01-01 12:30'}),
[30;40],'VariableNames',{'Time','Value2'});
4.
5.%按时间戳合并
6. mergedData=outerjoin(data1,data2,'MergeKeys',true);
7. disp(mergedData);
```

2）数据插值。线性插值，对缺失值进行线性插值。公式如下：

$$y = y_1 + \frac{(x - x_1)(y_2 - y_1)}{x_2 - x_1} \qquad (4-23)$$

MATLAB 代码示例：

```
1. data1=[10;20;30];
2. data2=[100;200;300];
3.
4. normalizedData1=(data1-min(data1))/(max(data1)-min(data1));
5. normalizedData2=(data2-min(data2))/(max(data2)-min(data2));
6.
7. disp([normalizedData1,normalizedData2]);
```

3）数据规范化。最小−最大归一化，将不同数据源的值规范化到 [0，1] 范围内，见式（4−11）。

MATLAB 代码示例：

```
1. data1=[10;20;30];
2. data2=[100;200;300];
```

```
3.
4. normalizedData1=(data1-min(data1))/(max(data1)-min(data1));
5. normalizedData2=(data2-min(data2))/(max(data2)-min(data2));
6.
7. disp([normalizedData1,normalizedData2]);
```

4）数据聚合。按时间段聚合，将数据按小时、日等进行聚合。

MATLAB 代码示例：

```
1. data=table(datetime({'2023-01-01 12:00';'2023-01-01 12:30';'
2023-01-01 13:00'}),[10;20;30],'VariableNames',{'Time','Value'});
2.
3. %按小时聚合
4. aggregatedData=varfun(@mean,data,'GroupingVariables','Time','
InputVariables','Value');
5. disp(aggregatedData);
```

5）数据融合。加权平均法，根据不同数据源的重要性进行加权平均。公式如下：

$$Y = \frac{\sum w_i X_i}{\sum w_i} \qquad (4-24)$$

MATLAB 代码示例：

```
1. data1=[10;20;30];%数据源 1
2. data2=[30;40;50];%数据源 2
3. weights=[0.6;0.4];%权重
4.
5. fusedData=(weights(1) * data1 + weights(2) * data2)/sum(weights);
6. disp(fusedData);
```

上述方法提供了多源数据整合的基本思路，包括数据合并、插值、规范化、聚合和融合等。可以根据具体的应用场景和需求选择合适的方法进行数据整合。

（2）数据格式统一。在新能源功率预测中，数据格式统一是确保多源数据能够有效整合和分析的关键步骤，可以确保所有整合的数据采用统一的格式，以便于后续处理和分析。

1）时间格式统一。将不同的时间格式统一为标准格式。

MATLAB 代码示例：

```
1. %示例数据
2. time1={'2023-01-01 12:00';'2023-01-01 12:30'};
3. time2={'01/01/2023 12:00';'01/01/2023 12:30'};
4.
5. %转换为datetime类型
6. datetime1=datetime(time1,'InputFormat','yyyy-MM-dd HH:mm');
7. datetime2=datetime(time2,'InputFormat','MM/dd/yyyy HH:mm');
8.
9. disp(datetime1);
10. disp(datetime2);
```

2）单位转换。将不同单位的数据转换为统一单位。如果要将千瓦（kW）转换为瓦（W），则公式如下：

$$P_{\mathrm{W}} = P_{\mathrm{kW}} \times 1000 \qquad (4-25)$$

MATLAB代码示例：

```
1. data_kW=[1;2;3];%示例数据(单位:千瓦)
2. data_W=data_kW * 1000;%转换为瓦
3. disp(data_W);
```

3）数据类型统一。将不同数据类型统一为相同类型（如将数值型转换为字符串型）。

MATLAB代码示例：

```
1. data_numeric=[1;2;3];%示例数值型数据
2. data_string=string(data_numeric);%转换为字符串型
3. disp(data_string);
```

4）缺失值处理。统一缺失值的表示方法。

MATLAB代码示例：

```
1. data=[1;NaN;3;NaN;5];%示例数据
2. data(isnan(data))=-1;%将缺失值统一为-1
3. disp(data);
```

5）数据结构统一。将不同格式的数据整合为相同的数据结构（如表格）。

MATLAB代码示例：

```
1. %示例数据
```

```
2. data1=table(datetime({'2023-01-01 12:00';'2023-01-01 12:30'}),
[10;20],'VariableNames',{'Time','Value1'});
3. data2=struct('Time',{'2023-01-01 12:00';'2023-01-01 12:30'},
'Value2',[30;40]);
4.
5. %转换为表格
6. data2_table=struct2table(data2);
7.
8. %合并数据
9. mergedData=outerjoin(data1,data2_table,'MergeKeys',true);
10. disp(mergedData);
```

数据格式统一是多源数据整合的重要步骤。通过时间格式转换、单位转换、数据类型统一、缺失值处理和数据结构统一等方法，可以确保不同数据源的数据能够有效兼容和分析。

4. 数据增强

（1）随机噪声添加。在原始数据上添加随机噪声以生成合成数据。公式如下：

$$Y' = Y + \epsilon \qquad (4-26)$$

式中：ϵ 为服从正态分布的随机噪声。

MATLAB 代码示例：

```
1. %原始数据
2. data=[10;20;30;40;50];
3.
4. %添加随机噪声
5. noise=randn(size(data))* 2;%标准差为 2 的噪声
6. augmentedData=data + noise;
7.
8. disp(augmentedData);
```

（2）数据插值。通过插值生成合成数据点，使用线性插值或样条插值等方法。

MATLAB 代码示例：

```
1. %原始数据
```

```
2. data=[10;NaN;30;40;50];%包含缺失值

3.

4. %使用线性插值填充缺失值

5. augmentedData=fillmissing(data,'linear');

6.

7. disp(augmentedData);
```

（3）过采样。对少数类样本进行过采样生成合成数据。使用 SMOTE（Synthetic Minority Over-sampling Technique）算法生成新样本。

MATLAB 代码示例：

```
1. %示例数据(假设 1 为少数类)

2. data=[1;1;1;0;0;0;0;0];%1 为少数类

3.

4. %生成合成数据

5. %这里使用简单的重复方法代替 SMOTE

6. augmentedData=[data;data(1:3) + randn(3,1)* 0.1];%添加少量噪声

7.

8. disp(augmentedData);
```

（4）数据转换。通过平移、旋转等变换生成新样本。对数据进行平移或缩放，公式如下：

$$Y' = aY + b \tag{4-27}$$

式中：a 为缩放因子；b 为平移量。

MATLAB 代码示例：

```
1. %原始数据

2. data=[10;20;30;40;50];

3.

4. %数据平移和缩放

5. a=1.2;%缩放因子

6. b=5;%平移量

7. augmentedData=a * data + b;

8.

9. disp(augmentedData);
```

（5）数据组合。将不同来源的数据进行组合生成合成数据。公式如下：

$$Y' = \alpha Y_1 + (1-\alpha)Y_2 \qquad (4-28)$$

式中：α 为权重系数。

MATLAB 代码示例：

```
1. %两组原始数据
2. data1=[10;20;30];
3. data2=[40;50;60];
4.
5. %数据组合
6. alpha=0.5;%权重系数
7. augmentedData=alpha * data1 + (1-alpha)* data2;
8.
9. disp(augmentedData);
```

上述方法提供了生成合成数据的多种策略，包括随机噪声添加、数据插值、过采样、数据转换和数据组合等。这些方法可以有效增加训练数据的多样性，提高模型的泛化能力。

在数据量不足的情况下，利用生成对抗网络（GAN）等技术生成合成数据，以增加训练样本的多样性。

（6）生成对抗网络（Generative Adversarial Network，GAN）。生成对抗网络是一种通过对抗训练生成合成数据的强大工具，尤其适用于新能源功率预测等领域的数据增强。

1）GAN 的基本原理。GAN 由两个神经网络组成：① 生成器（Generator），生成合成数据的网络；② 判别器（Discriminator），判断数据是真实数据还是生成数据的网络。两者通过对抗的方式进行训练，生成器不断努力生成更真实的数据，而判别器不断提高识别能力。

2）处理公式。GAN 的目标是通过对抗训练实现以下优化目标，生成器的目标是最大化判别器识别错误的概率：

$$\max_G \min_D V(D,G) = \mathbb{E}_{x \sim P_{data}}[\log D(x)] + \mathbb{E}_{z \sim P_z}[\log(1 - D(G(z)))] \qquad (4-29)$$

式中：P_{data} 为真实数据分布；P_z 为潜在噪声分布；$D(x)$ 为判别器输出对真实数据的判定；$G(z)$ 为生成器将随机噪声转换为生成数据。

3）MATLAB 代码示例以下是一个简单的 GAN 示例，用于生成合成数据：
安装 Deep Learning Toolbox（确保 MATLAB 支持深度学习）。

生成器和判别器的定义：

```
1. function g=generator(inputSize,outputSize)

2. layers=[

3. featureInputLayer(inputSize)

4. fullyConnectedLayer(128)

5. reluLayer

6. fullyConnectedLayer(outputSize)

7. tanhLayer];

8.

9. g=layerGraph(layers);

10. end

11.

12. function d=discriminator(inputSize)

13. layers=[

14. featureInputLayer(inputSize)

15. fullyConnectedLayer(128)

16. reluLayer

17. fullyConnectedLayer(1)

18. sigmoidLayer];

19.

20. d=layerGraph(layers);

21. end
```

训练 GAN：

```
1. %生成器和判别器参数

2. inputSize=10;%噪声维度

3. outputSize=1;%数据维度

4. G=generator(inputSize,outputSize);

5. D=discriminator(outputSize);

6.
```

```
7.  %训练参数
8.  numEpochs=1000;
9.  batchSize=64;
10. learningRate=0.0002;
11.
12. %初始噪声
13. z=randn(batchSize,inputSize);
14.
15. %训练循环
16. for epoch=1:numEpochs
17. %生成合成数据
18. syntheticData=predict(G,z);
19.
20. %真实数据(示例数据)
21. realData=rand(batchSize,outputSize);%替换为真实数据
22.
23. %判别器训练
24. D=trainNetwork(realData,D,options);%options为训练选项
25. D=trainNetwork(syntheticData,D,options);
26.
27. %生成器训练
28. G=trainNetwork(z,G,options);%这里省略了生成器的判别器反馈
29.
30. %可视化或保存生成的数据
31. if mod(epoch,100)==0
32. disp(['Epoch:',num2str(epoch)]);
33. disp(syntheticData);
34. end
35. end
```

需要注意，GAN 的训练是一个复杂的过程，可能会遇到不稳定性和模式崩溃等问题。需要适当的超参数调整和技巧来确保训练成功。上述代码仅为基本

结构，具体训练过程中的损失计算、反馈和更新等需根据需求进一步完善。利用 GAN 生成合成数据是一种有效的增强方法。通过对抗训练，生成器能够学习真实数据的分布，从而生成高质量的合成数据。

5. 数据分析与可视化

通过统计分析和可视化手段（如直方图、散点图、时间序列图）对数据进行深入分析，发现潜在的模式和关系。使用可视化工具展示数据处理和预测结果，以便于理解和沟通。

（1）时间序列图（Time Series Plot）。展示功率随时间变化的趋势。

MATLAB 代码示例：

```
1. %假设有时间和功率数据
2. time=datetime(2023,10,1) + days(0:10);%时间数据
3. power=[10;15;20;25;30;35;40;45;50;55;60];%功率数据
4.
5. %时间序列图
6. figure;
7. plot(time,power,'-o');
8. title('Power Generation Over Time');
9. xlabel('Date');
10. ylabel('Power(kW)');
11. grid on;
```

（2）散点图（Scatter Plot）展示模型预测值与真实值之间的关系。

MATLAB 代码示例：

```
1. %假设有真实值和预测值
2. truePower=[10;20;30;40;50];
3. predictedPower=[12;18;28;35;52];
4.
5. %散点图
6. figure;
7. scatter(truePower,predictedPower);
8. hold on;
9. plot([0 60],[0 60],'r--');%45 度线
```

```
10. title('True vs Predicted Power');
11. xlabel('True Power(kW)');
12. ylabel('Predicted Power(kW)');
13. legend('Predicted','45 Degree Line');
14. grid on;
15. hold off;
```

（3）直方图（Histogram）。展示功率分布情况。

MATLAB 代码示例：

```
1. %假设有功率数据
2. powerData=[10;15;20;25;30;35;30;35;40;50;50;55;60];
3.
4. %直方图
5. figure;
6. histogram(powerData,'BinWidth',5);
7. title('Histogram of Power Generation');
8. xlabel('Power(kW)');
9. ylabel('Frequency');
10. grid on;
```

（4）箱型图（Box Plot）。展示功率的分布，并检测离群值。

MATLAB 代码示例：

```
1. %假设有功率数据
2. powerData=[10;15;20;25;100;35;30;35;40;50];%100 是离群值
3.
4. %箱型图
5. figure;
6. boxplot(powerData);
7. title('Box Plot of Power Generation');
8. ylabel('Power(kW)');
9. grid on;
```

（5）热图（Heatmap）。展示各时间段的功率生成情况。

MATLAB 代码示例：

```
1. %假设有功率数据和时间标签
2. timeLabels=datetime(2023,10,1) + days(0:6);%一周
3. hourLabels=0:23;%小时
4. powerData=randi([0,100],length(hourLabels),length(timeLabels));
%随机生成功率数据
5.
6. %热图
7. figure;
8. heatmap(timeLabels,hourLabels,powerData);
9. title('Heatmap of Power Generation');
10. xlabel('Date');
11. ylabel('Hour');
12. colorbar;
```

（6）ROC 曲线（Receiver Operating Characteristic Curve）。用于二分类模型评估，展示灵敏度与假阳性率的关系。公式为计算真阳性率（TPR）和假阳性率（FPR）。

MATLAB 代码示例：

```
1. %假设有真实标签和预测概率
2. trueLabels=[1;1;0;1;0;0;1;0;1;0];
3. predictedScores=[0.9;0.8;0.4;0.6;0.2;0.1;0.7;0.3;0.95;0.05];
4.
5. %计算 ROC 曲线
6. [X,Y,T,AUC]=perfcurve(trueLabels,predictedScores,1);
7.
8. %绘制 ROC 曲线
9. figure;
10. plot(X,Y);
11. xlabel('False Positive Rate');
12. ylabel('True Positive Rate');
13. title(['ROC Curve(AUC=' num2str(AUC)')']);
14. grid on;
```

以上方法提供了新能源功率预测结果可视化的多种策略，包括时间序列图、

散点图、直方图、箱型图、热图和 ROC 曲线等。这些可视化方法可以清晰地展示和理解模型的预测结果及数据特征。MATLAB 代码示例为实现这些可视化方法提供了基础，大家可以根据需求进行调整和扩展。

6. 模型准备

在新能源功率预测中，模型准备阶段的数据分割是构建有效预测模型的重要步骤。将数据集分为训练集、验证集和测试集，以评估模型的性能。在新能源功率预测中，模型准备阶段的数据分割是构建有效预测模型的重要步骤，常见的数据分割方法包括以下几种：

（1）随机分割（Random Split）。将数据集随机分为训练集和测试集。

MATLAB 代码示例：

```
1. %原始数据
2. data=rand(100,1);%100 个随机数据点
3. labels=rand(100,1);%对应标签
4.
5. %设置随机抽样比例
6. trainRatio=0.8;
7. testRatio=0.2;
8.
9. %随机打乱数据
10. randIndices=randperm(length(data));
11. trainSize=floor(length(data)* trainRatio);
12.
13. %划分训练集和测试集
14. trainData=data(randIndices(1:trainSize));
15. trainLabels=labels(randIndices(1:trainSize));
16. testData=data(randIndices(trainSize + 1:end));
17. testLabels=labels(randIndices(trainSize + 1:end));
18.
19. disp(['Train Data Size:',num2str(length(trainData))]);
20. disp(['Test Data Size:',num2str(length(testData))]);
```

（2）K 折交叉验证（K－Fold Cross－Validation）。将数据集分为 K 个子集，

轮流使用 $K-1$ 个子集作为训练集和 1 个子集作为测试集。

MATLAB 代码示例：

```
1. %原始数据
2. data=rand(100,1);%100 个随机数据点
3. labels=rand(100,1);%对应标签
4. K=5;%K 值
5.
6. %K 折交叉验证
7. cv=cvpartition(length(data),'KFold',K);
8. for i=1:K
9. trainIndices=training(cv,i);
10. testIndices=test(cv,i);
11.
12. trainData=data(trainIndices);
13. trainLabels=labels(trainIndices);
14. testData=data(testIndices);
15. testLabels=labels(testIndices);
16.
17. %这里可以插入模型训练和测试的代码
18. disp(['Fold:',num2str(i)]);
19. disp(['Train Data Size:',num2str(length(trainData))]);
20. disp(['Test Data Size:',num2str(length(testData))]);
21. end
```

（3）时间序列分割（Time Series Split）。在处理时间序列数据时，按照时间顺序划分数据集。

MATLAB 代码示例：

```
1. %原始时间序列数据
2. time=datetime(2023,1,1) + days(0:99);%100 天的数据
3. data=rand(100,1);%对应的功率数据
4.
5. %设置分割点
```

```
6. splitPoint=80;%前80%的数据用于训练
7.
8. %划分训练集和测试集
9. trainData=data(1:splitPoint);
10. trainLabels=rand(splitPoint,1);%训练标签
11. testData=data(splitPoint + 1:end);
12. testLabels=rand(20,1);%测试标签
13.
14. disp(['Train Data Size:',num2str(length(trainData))]);
15. disp(['Test Data Size:',num2str(length(testData))]);
```

（4）留一法（Leave-One-Out Cross-Validation）。对于每个数据点，使用其余的数据点作为训练集，自己作为测试集。

```
1. %原始数据
2. data=rand(100,1);%100个随机数据点
3. labels=rand(100,1);%对应标签
4.
5. %留一法
6. for i=1:length(data)
7. trainIndices=true(length(data),1);
8. trainIndices(i)=false;%留出第i个数据点
9.
10. trainData=data(trainIndices);
11. trainLabels=labels(trainIndices);
12. testData=data(i);
13. testLabels=labels(i);
14.
15. %这里可以插入模型训练和测试的代码
16. disp(['Leave-One-Out Iteration:',num2str(i)]);
17. disp(['Train Data Size:',num2str(length(trainData))]);
18. disp(['Test Data Size:',num2str(length(testData))]);
19. end
```

　　新能源功率预测的数据处理是一个系统而复杂的过程，涵盖数据清洗、转换、整合、增强、分析和模型准备等多个环节。科学、规范的数据处理能够显著提高功率预测的准确性，为能源管理和决策提供可靠依据。

4.2.3　新能源功率预测算法模型简介

1. 新能源功率预测算法模型分类

　　（1）基于模型类型的分类：① 线性模型。假设因变量与自变量之间存在线性关系。包括线性回归、岭回归、Lasso 回归。② 非线性模型。能够捕捉自变量与因变量之间的非线性关系。包括支持向量机（SVM）、决策树、随机森林、梯度提升决策树（GBDT）。③ 深度学习模型。通过多层网络结构进行特征学习，通常用于处理复杂和高维的数据。包括人工神经网络（ANN）、长短期记忆网络（LSTM）、卷积神经网络（CNN）。

　　（2）基于学习方式的分类：① 监督学习。模型通过已有的标签数据进行训练，学习从输入到输出的映射关系，包括回归分析、分类算法（如 SVM、随机森林）。② 无监督学习。模型处理没有标签的数据，主要用于发现数据中的结构和模式，包括聚类分析（如 K 均值）、主成分分析（PCA）。③ 半监督学习。结合少量标签数据和大量无标签数据进行学习，包括图形模型、生成对抗网络（GAN）。

　　（3）基于时间序列特性的分类：① 基于统计的方法。利用时间序列的统计特性进行预测，包括自回归（AR）、移动平均（MA）、自回归综合移动平均（ARIMA）。② 基于机器学习的方法。通过机器学习算法对时间序列数据进行建模，包括长短期记忆网络（LSTM）、支持向量回归（SVR）等。

　　（4）基于集成学习的分类：① Bagging（自助法）。通过对训练数据进行重采样，构建多个模型并结合其预测结果，例如随机森林。② Boosting（提升法）。通过逐步训练模型，优化前一个模型的错误，提升整体性能，包括 AdaBoost、Gradient Boosting。③ 堆叠（Stacking）。将多个模型的预测结果作为新的特征输入到更高层的模型中，使用多种基本学习器的预测结果进行二次学习。

　　（5）基于应用场景的分类：① 短期预测。针对短时间内的功率需求进行预测，通常在几小时到几天之内，短期负荷预测、短期风能预测。② 中期预测。针对一周或一个月的功率需求预测，即中期负荷预测。③ 长期预测。针对未来几个月至几年的功率需求进行预测，即长期负荷预测。

2. 新能源功率预测常见算法模型

（1）机器学习模型：① 支持向量机（Support Vector Machine，SVM）。通过找到最优超平面，进行分类或回归，适用于高维数据，需要处理非线性关系。② 决策树（Decision Tree）。通过树结构进行决策，易于理解和解释，适合处理分类和回归任务。③ 随机森林（Random Forest）。集成多棵决策树，利用投票或平均值提高预测准确性，适合处理高维特征，具有较强的抗噪声能力。④ 梯度提升决策树（Gradient Boosting Decision Tree，GBDT）。基于 Boosting 思想的集成学习算法，通过迭代构建多棵决策树，逐步修正预测误差，最终结合所有弱学习器的结果进行预测。⑤ K-近邻算法（K-Nearest Neighbors，KNN）。基于距离度量进行预测，简单直观，适合小规模数据集，适合非线性关系。

（2）深度学习模型：① 人工神经网络（Artificial Neural Networks，ANN）。通过模拟人脑神经元的连接方式学习特征，适合复杂模式识别和非线性功能逼近。② 循环神经网络（Recurrent Neural Networks，RNN）。适合处理时序数据，能够捕捉时间依赖性，适用于时间序列数据的功率预测。③ 长短期记忆网络（Long Short-Term Memory，LSTM）。RNN 的一种变体，能够有效处理长期依赖问题，适合复杂的时间序列预测，如风电和太阳能预测。④ 卷积神经网络（Convolutional Neural Networks，CNN）。主要用于图像处理，也可用于提取时序数据中的局部特征，可用于序列数据分析。

（3）集成学习模型：集成学习模型在新能源功率预测中表现出色，因为它们通过组合多个学习器的预测来提高整体的准确性和稳定性。包括：① 投票法（Voting Ensemble）。结合多个模型的预测结果，通过投票机制确定最终结果，提高模型的稳定性和准确性。② 堆叠法（Stacking）。将多个模型的预测结果作为新的特征输入到更高层的模型进行训练，提高预测的综合能力。

（4）优化算法模型：① 基于进化算法的模型。通过模拟自然选择优化模型参数，适用于复杂的优化问题。② 粒子群优化（Particle Swarm Optimization，PSO）。通过群体智能优化算法找到最优解，用于非线性模型的参数调优。

4.3 新能源功率预测模型

常用的新能源功率预测模型包括统计方法、传统机器学习方法、深度学习方法、集成学习方法及优化算法等。这些模型各有优劣，需要根据具体的应用场景和数据特点进行选择和优化。随着技术的不断进步和应用的深入，相信未来会有更多高效、准确的新能源功率预测模型被提出和应用。

4.3.1 机器学习模型

1. 支持向量机（SVM）

（1）原理。支持向量机是一种监督学习模型，用于分类和回归分析。SVM试图找到一个超平面来分隔不同的类别（在分类任务中），或通过最小化误差的方式来预测连续值（在回归任务中）。SVM回归（SVR）的目标是找到一个使得大部分样本点都位于这个超平面附近的函数。

（2）处理公式。在回归情况下，SVM的目标是找到一个函数：

$$f(x) = w^T x + b \qquad (4-30)$$

式中：$f(x)$ 为 SVM 回归模型的预测值（连续值输出）；w^T 为权重向量的转置（用于矩阵乘法）；x 为输入样本的特征向量；b 为偏置项（截距），调整回归直线的位置。

使得：

$$|y_i - f(x_i)| \leqslant \epsilon \qquad (4-31)$$

式中：y_i 为第 i 个样本的真实值（标签）；$f(x_i)$ 为第 i 个样本的预测值；ϵ（epsilon）为容忍误差，定义一个间隔带（ϵ-tube），允许预测值在真实值附近 $\pm\epsilon$ 范围内波动。

同时最小化：

$$\frac{1}{2} \| w \|^2 \qquad (4-32)$$

式中：$\| w \|^2$ 为权重向量的 L2 范数平方。

支持向量机（SVM）功率预测流程图如图 4-8 所示。

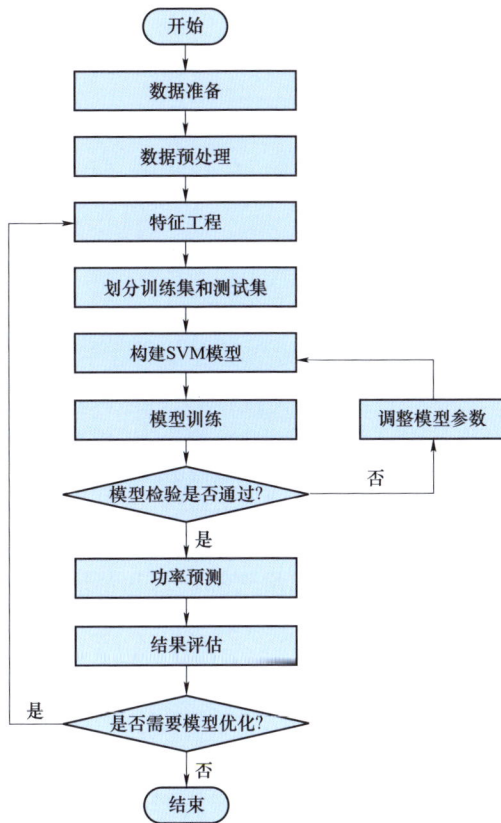

图4-8 支持向量机（SVM）功率预测流程图

（3）MATLAB代码示例：

```
1. %假设有输入数据 X 和输出数据 Y
2. X=data(:,1:end-1);%特征
3. Y=data(:,end);%目标变量
4.
5. %构建支持向量回归模型
6. mdl=fitrsvm(X,Y,'KernelFunction','linear','Standardize',true);
7.
8. %进行预测
9. Y_pred=predict(mdl,X);
10.
11. %可视化
```

```
12. figure;
13. plot(Y,'o');%实际数据
14. hold on;
15. plot(Y_pred,'r-');%预测数据
16. xlabel('样本');
17. ylabel('功率');
18. legend('实际','预测');
19. title('支持向量回归模型');
```

2. 随机森林（Random Forest）

（1）原理。随机森林是一种集成学习方法，利用多个决策树的预测结果来提高模型的准确性和稳定性。每棵树都是在随机选择的样本和特征上进行训练的，最终通过投票机制（分类）或平均值（回归）结合多个树的结果。

随机森林算法的核心在于：① 随机选择样本和特征生成多棵决策树；② 对每棵树的输出进行平均（回归）或投票（分类）。

（2）MATLAB 代码示例：

```
1. %假设有输入数据 X 和输出数据 Y
2. X=data(:,1:end-1);%特征
3. Y=data(:,end);%目标变量
4.
5. %构建随机森林模型
6. mdl=TreeBagger(100,X,Y,'Method','regression');%100 棵树
7.
8. %进行预测
9. Y_pred=predict(mdl,X);
10.
11. %可视化
12. figure;
13. plot(Y,'o');%实际数据
14. hold on;
15. plot(Y_pred,'r-');%预测数据
16. xlabel('样本');
17. ylabel('功率');
```

```
18. legend('实际','预测');
19. title('随机森林模型');
```

4.3.2　深度学习模型

1. 人工神经网络（ANN）

（1）原理。人工神经网络是一种模拟人脑神经元工作的模型，由输入层、隐藏层和输出层组成。神经元通过激活函数连接，能够学习输入与输出之间的复杂非线性关系。

（2）处理公式。在 ANN 中，每个神经元的输出通过以下公式计算：

$$y = f(Wx + b) \qquad\qquad (4-33)$$

式中：y 为神经元的输出；W 为权重矩阵；x 为输入向量；b 为偏置；f 为激活函数（如 ReLU、sigmoid 等）。

（3）MATLAB 代码示例：

```
1. %假设有输入数据 X 和输出数据 Y
2. X=data(:,1:end-1);%特征
3. Y=data(:,end);%目标变量
4.
5. %构建人工神经网络
6. net=feedforwardnet(10);%创建一个含有 10 个神经元的隐藏层
7.
8. %训练网络
9. net=train(net,X',Y');%X 和 Y 需要转置
10.
11. %进行预测
12. Y_pred=net(X');
13.
14. %可视化
15. figure;
16. plot(Y,'o');%实际数据
17. hold on;
18. plot(Y_pred,'r-');%预测数据
19. xlabel('样本');
```

```
20. ylabel('功率');

21. legend('实际','预测');

22. title('人工神经网络模型');
```

2. 循环神经网络（RNN）

（1）原理。RNN 是一种适用于序列数据的神经网络架构，可以有效处理具有时间依赖性的任务。RNN 通过隐藏状态在时间步之间传递信息，使得网络能够记住以前的输入信息。

（2）处理公式。在 RNN 中，隐藏状态基本的计算公式如下：

$$h_t = f(W_h h_{t-1} + W_x x_t + b) \tag{4-34}$$

式中：h_t 为当前隐藏状态；W_h 为隐藏状态的权重矩阵；W_x 为输入的权重矩阵；x_t 为当前输入；b 为偏置；f 为激活函数（通常为 tanh 或 ReLU）。

循环神经网络功率预测流程图如图 4-9 所示。

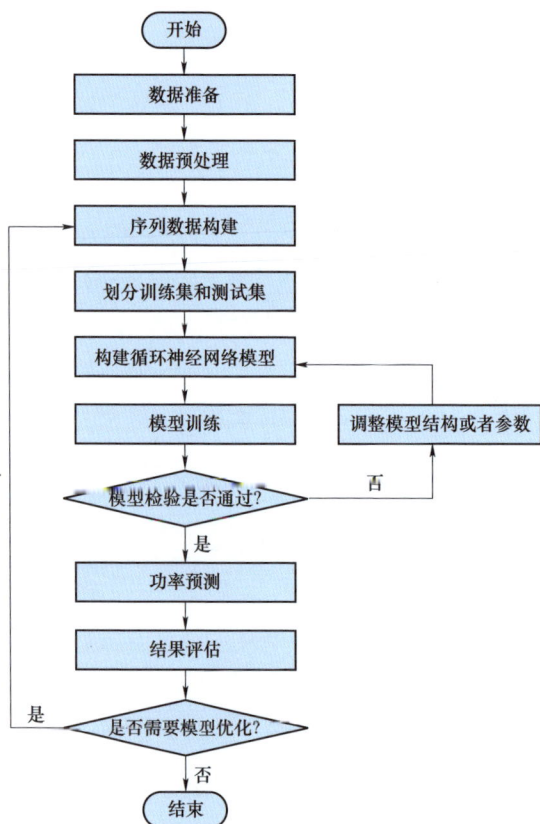

图 4-9 循环神经网络功率预测流程图

（3）MATLAB 代码示例：

```matlab
1. %假设有输入数据 X 和输出数据 Y
2. X=data(:,1:end-1);%特征
3. Y=data(:,end);%目标变量
4.
5. %数据预处理为序列形式
6. X_seq=reshape(X',[1,size(X,1),size(X,2)]);%LSTM 需要 3D 输入
7. Y_seq=Y';
8.
9. %构建 RNN 网络
10. layers=[
11. sequenceInputLayer(size(X,2))
12. lstmLayer(50,'OutputMode','sequence')
13. fullyConnectedLayer(1)
14. regressionLayer];
15.
16. %训练选项
17. options=trainingOptions('adam',...
18. 'MaxEpochs',100,...
19. 'GradientThreshold',1,...
20. 'Verbose',0,...
21. 'Plots','training-progress');
22.
23. %训练网络
24. net_rnn=trainNetwork(X_seq,Y_seq,layers,options);
25.
26. %进行预测
27. Y_pred_rnn=predict(net_rnn,X_seq);
28.
29. %可视化
30. figure;
```

```
31. plot(Y,'o');%实际数据

32. hold on;

33. plot(Y_pred_rnn','r-');%预测数据

34. xlabel('样本');

35. ylabel('功率');

36. legend('实际','预测');

37. title('循环神经网络(RNN)模型');
```

3. 长短期记忆网络（LSTM）

（1）原理。LSTM 是一种特殊的循环神经网络（RNN），能够有效处理序列数据中的长期依赖性。LSTM 通过引入门控机制来控制信息的输入、遗忘和输出，克服了传统 RNN 的梯度消失问题。

（2）处理公式。LSTM 单元包含输入门、遗忘门和输出门三个门。其基本计算公式如下。

遗忘门：

$$f_t = \sigma(W_f \cdot [h_{t-1}, x_t] + b_f) \tag{4-35}$$

式中：f_t 为遗忘门输出（0～1 之间的值，1 表示完全保留，0 表示完全丢弃）；σ 为 Sigmoid 函数，将输出压缩到 ［0，1］；W_f 为遗忘门的权重矩阵；h_{t-1} 为上一时刻的隐藏状态；x_t 为当前时刻的输入；b_f 为遗忘门的偏置项。

输入门：

$$i_t = \sigma(W_i \cdot [h_{t-1}, x_t] + b_i)$$
$$\tilde{C}_t = \tanh(W_C \cdot [h_{t-1}, x_t] + b_C) \tag{4-36}$$

式中：i_t 为输入门输出（0～1 之间的值，控制候选值的更新强度）；$\tilde{C}_t$ 为候选细胞状态（通过 tanh 生成，范围为 ［-1，1］）；W_i、W_C 分别为输入门和候选状态的权重矩阵；b_i、b_C 分别为对应的偏置项。

更新单元状态：

$$C_t = f_t \cdot C_{t-1} + i_t \cdot \overline{C}_t \tag{4-37}$$

式中：C_t 为当前时刻的细胞状态（长期记忆）；$f_t \cdot C_{t-1}$ 为遗忘门控制旧状态的保留比例；$i_t \cdot \overline{C}_t$ 为输入门控制新信息的添加比例。

输出门：

$$o_t = \sigma(W_o \cdot [h_{t-1}, x_t] + b_o) \tag{4-38}$$

式中：o_t 为输出门的输出向量，其元素值在 0～1 之间，表示允许细胞状态 C_t（经过 tanh 处理后）中对应信息输出的比例；W_o 为输出门的权重矩阵；b_o 为输出门的偏置向量。

隐藏状态：

$$h_t = o_t \cdot \tanh(C_t) \qquad (4-39)$$

式中：h_t 为当前时间步 t 的隐藏状态，也是 LSTM 单元在当前时间步的输出；$\tanh(C_t)$ 为将细胞状态压缩到 [−1，1]，输出门控制其可见性。

（3）MATLAB 代码示例：

```matlab
1. %假设有输入数据 X 和输出数据 Y
2. X=data(:,1:end-1);%特征
3. Y=data(:,end);%目标变量
4.
5. %数据预处理为序列形式
6. X_seq=reshape(X',[1,size(X,1),size(X,2)]);%LSTM 需要 3D 输入
7. Y_seq=Y';
8.
9. %构建 LSTM 网络
10. layers=[
11. sequenceInputLayer(size(X,2))
12. lstmLayer(50,'OutputMode','sequence')
13. fullyConnectedLayer(1)
14. regressionLayer];
15.
16. %训练选项
17. options=trainingOptions('adam',...
18. 'MaxEpochs',100,...
19. 'GradientThreshold',1,...
20. 'Verbose',0,...
21. 'Plots','training-progress');
22.
23. %训练网络
```

```
24. net=trainNetwork(X_seq,Y_seq,layers,options);

25.

26. %进行预测

27. Y_pred=predict(net,X_seq);

28.

29. %可视化

30. figure;

31. plot(Y,'o');%实际数据

32. hold on;

33. plot(Y_pred','r-');%预测数据

34. xlabel('样本');

35. ylabel('功率');

36. legend('实际','预测');

37. title('LSTM 模型');
```

4. 卷积神经网络（CNN）

（1）原理。CNN 通常用于图像处理，但也可以用于处理一维序列数据。CNN 使用卷积层提取特征，然后通过池化层减少维度。它能够学习局部特征，对于时间序列数据也具有良好的适应性。

（2）处理公式。在 CNN 中，卷积操作的基本公式如下：

$$Y[i,j] = \sum_m \sum_n X[i+m, j+n] \cdot K[m,n] \qquad (4-40)$$

式中：Y 为输出特征图；X 为输入数据；K 为卷积核；m、n 分别为卷积核的大小。

（3）MATLAB 代码示例：

```
1. %假设有输入数据 X 和输出数据 Y

2. X=data(:,1:end-1);%特征

3. Y=data(:,end);%目标变量

4.

5. %数据预处理为适合 CNN 的格式

6. X_seq=reshape(X',[1,size(X,1),size(X,2)]);%3D 输入

7. Y_seq=Y';

8.
```

```
9.  %构建 CNN 网络
10. layers=[
11. imageInputLayer([1,size(X,2),1])
12. convolution2dLayer([1,3],16,'Padding','same')%卷积层
13. reluLayer%ReLU 激活层
14. maxPooling2dLayer([1,2])%池化层
15. flattenLayer%展平层
16. fullyConnectedLayer(1)%全连接层
17. regressionLayer];%回归层
18.
19. %训练选项
20. options=trainingOptions('adam',...
21. 'MaxEpochs',100,...
22. 'Verbose',0,...
23. 'Plots','training-progress');
24.
25. %训练网络
26. net_cnn=trainNetwork(X_seq,Y_seq,layers,options);
27.
28. %进行预测
29. Y_pred_cnn=predict(net_cnn,X_seq);
30.
31. %可视化
32. figure;
33. plot(Y,'o');%实际数据
34. hold on;
35. plot(Y_pred_cnn','r-');%预测数据
36. xlabel('样本');
37. ylabel('功率');
38. legend('实际','预测');
39. title('卷积神经网络(CNN)模型');
```

以上是新能源功率预测中常用的深度学习模型——人工神经网络（ANN）、循环神经网络（RNN）、长短期记忆网络（LSTM）和卷积神经网络（CNN）。这些模型能够有效处理复杂的非线性关系和时间序列特性，非常适合于新能源功率预测的任务。RNN 适合处理时间序列数据，而 CNN 通过局部特征提取可以更好地捕捉输入数据中的模式。根据实际需求选择适合的模型可以提高预测的准确性和效果。

4.3.3 集成学习模型

1. 提升法（Boosting）

（1）原理。提升法通过逐步训练模型，每个新的模型会专注于之前模型预测错误的样本，从而减少偏差。AdaBoost 和 Gradient Boosting 是常见的提升方法。

（2）处理公式。对于提升法的回归，预测结果可以表示为：

$$\hat{y} = \sum_{m=1}^{M} \alpha_m h_m(x) \tag{4-41}$$

式中：M 为模型的个数；α_m 为第 m 个模型的权重；$h_m(x)$ 为第 m 个模型的预测。

（3）MATLAB 代码示例：

```
1. %假设有输入数据 X 和输出数据 Y
2. X=data(:,1:end-1);%特征
3. Y=data(:,end);%目标变量
4.
5. %构建梯度提升树模型
6. mdl=fitrensemble(X,Y,'Method','LSBoost','NumLearningCycles',100);
   %100 个学习周期
7.
8. %进行预测
9. Y_pred=predict(mdl,X);
10.
11. %可视化
12. figure;
```

```
13. plot(Y,'o');%实际数据

14. hold on;

15. plot(Y_pred,'r-');%预测数据

16. xlabel('样本');

17. ylabel('功率');

18. legend('实际','预测');

19. title('提升法(梯度提升树)模型');
```

2. 堆叠法（Stacking）

（1）原理。堆叠法通过将多个不同类型的基础学习器的输出作为新的特征输入到一个元学习器中进行训练。元学习器通常是一个简单的线性模型或另一种复杂模型。

（2）处理公式。堆叠法的预测结果可以表示为：

$$\hat{y} = g\left(f_1(x), f_2(x), \cdots, f_n(x)\right) \tag{4-42}$$

式中：$f_i(x)$ 为第 i 个基础学习器的输出；g 为元学习器的函数。

（3）MATLAB 代码示例：

```
1. %假设有输入数据 X 和输出数据 Y

2. X=data(:,1:end-1);%特征

3. Y=data(:,end);%目标变量

4.

5. %划分训练集和测试集

6. cv=cvpartition(size(X,1),'HoldOut',0.3);

7. X_train=X(cv.training,:);

8. Y_train=Y(cv.training,:);

9. X_test=X(cv.test,:);

10. Y_test=Y(cv.test,:);

11.

12. %基础学习器

13. model1=fitrensemble(X_train,Y_train,'Method','Bag','NumLearningCycles',100);

14. model2=fitrensemble(X_train,Y_train,'Method','LSBoost','NumL
```

```
earningCycles',100);

15.

16. %获取基础学习器的预测

17. pred1=predict(model1,X_test);

18. pred2=predict(model2,X_test);

19.

20. %将基础学习器的预测作为新的特征进行训练

21. X_meta=[pred1,pred2];

22.

23. %训练元学习器

24. meta_model=fitrlinear(X_meta,Y_test);

25.

26. %进行最终预测

27. final_pred=predict(meta_model,X_meta);

28.

29. %可视化

30. figure;

31. plot(Y_test,'o');%实际数据

32. hold on;

33. plot(final_pred,'r-');%预测数据

34. xlabel('样本');

35. ylabel('功率');

36. legend('实际','预测');

37. title('堆叠法(Stacking)模型');
```

集成学习方法通过结合多个模型的优点，常常会在预测精度和稳健性上超越单一模型。在实际应用中可以根据具体任务选择合适的集成学习策略。

4.3.4　优化算法模型

1. 遗传算法（GA）

（1）原理。遗传算法是一种基于自然选择和遗传学原理的优化方法。它通

过选择、交叉和变异等操作在解的空间中迭代搜索最优解。

（2）基本步骤。遗传算法的基本步骤如下：

1）初始化种群：随机生成一组可能的解决方案。

2）计算适应度：根据目标函数评估每个个体的适应度。

3）选择：根据适应度选择个体组成新种群。

4）交叉：对选择的个体进行交叉生成新个体。

5）变异：对新个体进行随机变异。

6）终止条件：判断是否满足终止条件（如达到最大代数）。

（3）MATLAB 代码示例：

```
1. %假设目标函数为一个简单的平方误差
2. objectiveFunction=@(x)(x-5)^2;%最小化目标函数
3.
4. %遗传算法参数
5. options=optimoptions('ga','PopulationSize',20,'MaxGenerations',100);
6.
7. %执行遗传算法
8. [x,fval]=ga(objectiveFunction,1,[],[],[],[],0,10,[],options);
9.
10. fprintf('最优解:%f,目标函数值:%f\n',x,fval);
```

2. 粒子群优化（PSO）

（1）原理。粒子群优化是一种模拟鸟群觅食行为的优化算法。每个粒子表示一个潜在的解，粒子通过更新位置和速度在解空间中搜索最优解。

（2）处理公式。粒子的速度和位置更新公式如下：

$$\begin{aligned} v_i^{t+1} &= wv_i^t + c_1 r_1 (p_i - x_i^t) + c_2 r_2 (g - x_i^t) \\ x_i^{t+1} &= x_i^t + v_i^{t+1} \end{aligned} \qquad (4-43)$$

式中：v_i^t 为粒子 i 在时间 t 的速度；x_i^t 为粒子 i 在时间 t 的位置；p_i 为粒子 i 的个体最优位置；g 为全局最优位置；w 为惯性权重；c_1 和 c_2 为学习因子；r_1 和 r_2 为随机数。

粒子群优化算法功率预测流程图如图 4-10 所示。

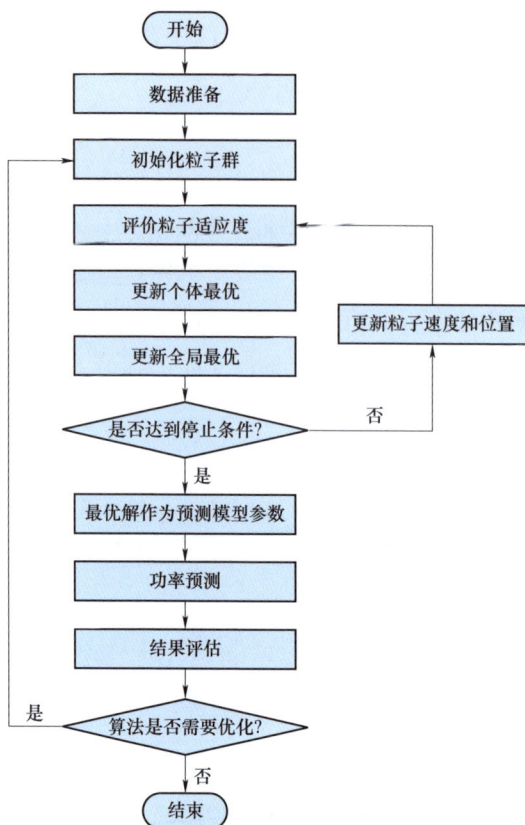

图 4-10　粒子群优化算法功率预测流程图

（3）MATLAB 代码示例：

```
1. %目标函数
2. objectiveFunction=@(x)(x-5)^2;
3.
4. %PSO 参数
5. options=optimoptions('particleswarm','SwarmSize',20,'MaxIterations',100);
6.
7. %执行粒子群优化
8. [x,fval]=particleswarm(objectiveFunction,1,0,10,options);
9. fprintf('最优解:%f,目标函数值:%f\n',x,fval);
```

3. 模拟退火（SA）

（1）原理。模拟退火算法是一种基于物理学中退火过程的优化方法。它通过随机搜索和接受较差解的方式来避免陷入局部最优解。

（2）处理公式。在模拟退火中，当前解 x 的接受概率由以下公式定义：

$$P(x, x') = \begin{cases} 1, & \Delta E < 0 \\ e^{-\Delta E/T}, & \Delta E \geqslant 0 \end{cases} \tag{4-44}$$

式中：$\Delta E = f(x') - f(x)$ 是能量或成本的变化；T 为温度参数，随着迭代降低。

（3）MATLAB 代码示例：

```
1. %目标函数
2. objectiveFunction=@(x)(x-5)^2;
3.
4. %模拟退火参数
5. initialSolution=0;%初始解
6. options=saoptimset('MaxIter',100,'Temperature',100,'CoolingSchedule','fast');
7.
8. %执行模拟退火
9. [x,fval]=simulannealbnd(objectiveFunction,initialSolution,0,10,options);
10.
11. fprintf('最优解:%f,目标函数值:%f\n',x,fval);
```

上述是新能源功率预测中常见的优化算法模型—遗传算法、粒子群优化和模拟退火。这些优化算法能够有效地调整模型参数，从而提高预测的准确性。在实际应用中，可以根据具体问题选择合适的优化算法进行参数调优。

4.3.5 混合算法模型

1. 基于 WOA-BP-Adaboost 的多输入回归新能源功率预测模型

WOA-BP-Adaboost 的多输入回归算法功率预测流程图如图 4-11 所示。

（1）数据准备。要实现基于 WOA（鲸鱼优化算法）、BP（反向传播神经网络）和 Adaboost 的多输入回归新能源功率预测，首先，要准备和生成模拟数据。假设有多个输入特征和目标输出（新能源功率），MATLAB 代码示例：

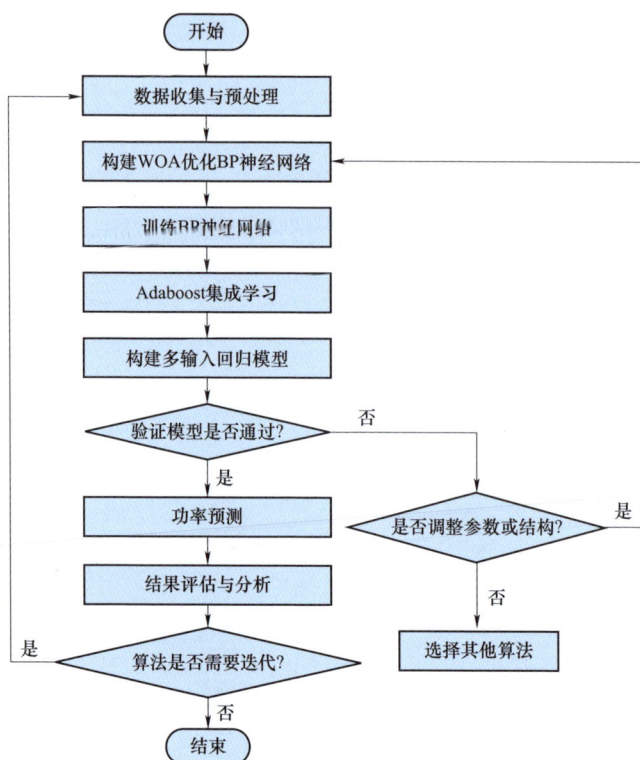

图 4-11 WOA-BP-Adaboost 的多输入回归算法功率预测流程图

```
1. %生成示例数据

2. num_samples=200;%样本数量

3. num_features=5;%输入特征数量

4.

5. %随机生成输入特征

6. X=rand(num_samples,num_features);

7. %假设目标输出为某种函数的组合

8. y=X(:,1)* 3 + X(:,2)* 2 + X(:,3) + randn(num_samples,1)* 0.1;%示
例输出

9.

10. %划分训练集和测试集

11. train_ratio=0.8;

12. train_size=round(num_samples * train_ratio);
```

```
13. X_train=X(1:train_size,:);
14. y_train=y(1:train_size);
15. X_test=X(train_size + 1:end,:);
16. y_test=y(train_size + 1:end);
```

（2）WOA 算法优化 BP 网络。使用 WOA 优化 BP 网络的权重。下面是 WOA 的简化实现：

```
1. function[best_weights,best_fitness]=woa_optimization(X,y,num_iterations,num_whales)
2. %WOA 算法参数设定
3. dim=size(X,2);%输入特征数
4. best_fitness=inf;%初始化最佳适应度
5. best_weights=[];%初始化最佳权重
6.
7. %初始化鲸鱼的位置
8. positions=rand(num_whales,dim);
9.
10. for iter=1:num_iterations
11. %计算适应度
12. fitness=zeros(num_whales,1);
13. for i=1:num_whales
14. fitness(i)=mse_predict(X,y,positions(i,:));%计算均方误差
15. end
16.
17. %更新最佳位置
18. [current_best_fitness,best_idx]=min(fitness);
19. if current_best_fitness<best_fitness
20. best_fitness=current_best_fitness;
21. best_weights=positions(best_idx,:);
22. end
23.
24. %更新鲸鱼位置
```

```
25. a=2-iter *(2/num_iterations);%线性递减参数

26. for i=1:num_whales

27. r=rand();%随机数

28. A=2 * a * r-a;%WOA 参数

29. C=2 * rand();

30.

31. %更新位置

32. if rand()<0.5

33. %突破真实位置

34. positions(i,:)=best_weights-A.* abs(C.* best_weights-positions(i,:));

35. else

36. %追逐猎物

37. positions(i,:)=best_weights + A.* abs(C.* best_weights-positions(i,:));

38. end

39. end

40. end

41. end

42.

43. function fitness=mse_predict(X,y,weights)

44. %用于预测的均方误差计算

45. predictions=X * weights';

46. fitness=mean((predictions-y).^2);

47. end
```

（3）训练 BP 神经网络。使用 WOA 优化后的权重来训练 BP 神经网络，MATLAB 代码示例：

```
1. %WOA 优化

2. num_iterations=50;

3. num_whales=30;

4. [best_weights,~]=woa_optimization(X_train,y_train,num_iterati
```

```
ons,num_whales);

5.
6. %创建和训练 BP 网络
7. net=feedforwardnet(10);%10 个隐藏单元
8. net=train(net,X_train',y_train');%注意:转置为列向量
```

（4）使用 AdaBoost。将 BP 网络与 AdaBoost 结合，MATLAB 代码示例：

```
1. %使用 AdaBoost
2. n=50;%决策树数目
3. Mdl=fitcensemble(X_train,y_train,'Method','AdaBoost','NumLear
ningCycles',n,'Learner','tree');
4.
5. %预测
6. y_pred=predict(Mdl,X_test);
```

（5）评估性能。评估模型的性能，计算均方误差等指标，MATLAB 代码示例：

```
1. %计算均方误差
2. mse=mean((y_test-y_pred).^2);
3. fprintf('Mean Squared Error:%.4f\n',mse);
```

需要注意，数据准备要确保数据正确且没有缺失值；超参数调整要根据实际数据调整 WOA 和 BP 的超参数；实际应用中，WOA 的实现可能需要更复杂的处理以增强稳定性和收敛速度；可以根据需要更换基学习器，默认使用决策树；上述代码是一个简化的示例，需要根据具体需求进行调整和优化。

2. 冠豪猪优化算法＋双向时域卷积网络＋双向门控循环单元时间序列回归新能源功率预测模型

（1）模型概述。冠豪猪优化算法（POA）用于优化模型参数，提升预测性能；双向时域卷积网络（Bi－TCN）用于捕捉时间序列中的长短期依赖关系；双向门控循环单元（Bi－GRU）用于从双向（前向和后向）捕捉序列中的长期依赖关系。

（2）主要步骤：① 数据预处理。归一化，拆分训练集和测试集。② 模型设计。构建 Bi－TCN 和 Bi－GRU 的网络结构。③ 参数优化。使用 POA 优化模型参数（如学习率、网络层数等）。④ 模型训练。使用优化后的参数训练模型。⑤ 预测与评估。使用训练好的模型进行预测，评估预测性能。冠豪猪优化算法＋双向时域卷积网络＋双向门控循环单元时间序列回归算法功率预测流程图如图 4－12

所示。

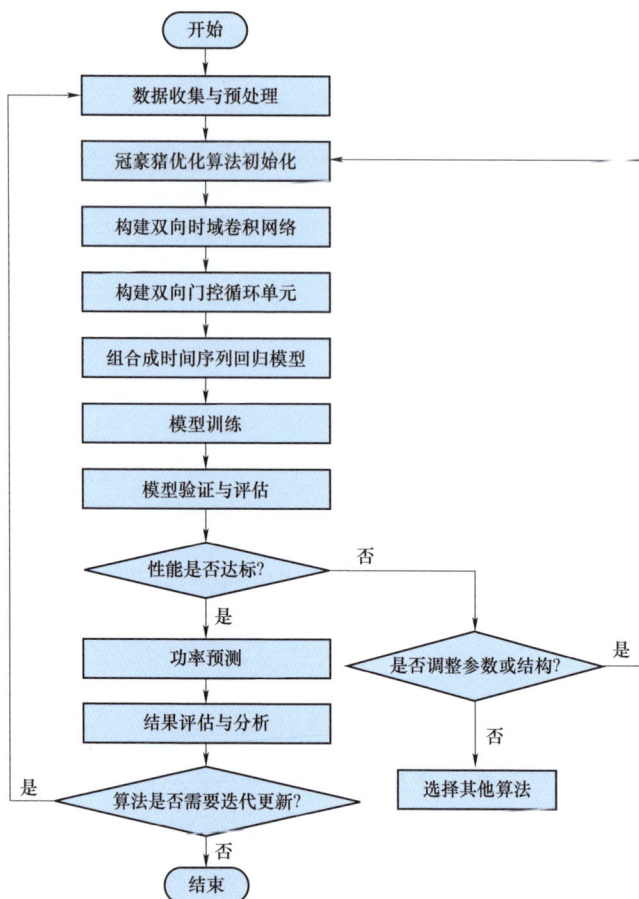

图 4-12 冠豪猪优化算法 + 双向时域卷积网络 + 双向门控循环单元时间序列回归算法
功率预测流程图

（3）MATLAB 实现。

1）数据准备：

```
1. %导入数据
2. data=load('time_series_data.mat');%假设数据保存在 MAT 文件中
3. time_series=data.time_series;
4.
5. %数据归一化
6. mu=mean(time_series);
```

```
7. sigma=std(time_series);

8. normalized_data=(time_series-mu)/sigma;

9.

10. %切分训练集和测试集

11. split_ratio=0.8;

12. split_index=round(length(normalized_data)* split_ratio);

13. train_data=normalized_data(1:split_index);

14. test_data=normalized_data(split_index + 1:end);
```

2）Bi-TCN 和 Bi-GRU 设计：

```
1. inputSize=1;

2. numHiddenUnits=200;

3.

4. layers=[

5. sequenceInputLayer(inputSize,'Name','InputLayer')

6. %双向时域卷积网络(Bi-TCN)

7. sequenceFoldingLayer('Name','Fold')

8. convolution2dLayer([3 1],32,'Padding','causal','Name','TCN_
Conv1')

9. reluLayer('Name','Relu1')

10. convolution2dLayer([3 1],32,'Padding','causal','Name','TCN_
Conv2')

11. reluLayer('Name','Relu2')

12. sequenceUnfoldingLayer('Name','Unfold')

13. flattenLayer('Name','Flatten')

14. %双向门控循环单元(Bi-GRU)

15. bilstmLayer(numHiddenUnits,'OutputMode','last','Name','BiGRU')

16. %输出层

17. fullyConnectedLayer(1,'Name','OutputLayer')

18. regressionLayer('Name','RegressionOutput')

19. ];

20. lgraph=layerGraph(layers);
```

```
21. dlnet=dlnetwork(lgraph);
```

3）冠豪猪优化算法（POA）定义。为了简化实现，这里提供一个伪代码示例，实际情况需要根据 POA 具体定义实现优化部分：

```
1. %冠豪猪优化算法伪代码示例
2. function best_params=poa_optimization(cost_function,param_
bounds,num_iterations,num_particles)
3. %初始化种群
4. params=rand(num_particles,length(param_bounds(:,1))).*(param_
bounds(:,2)-param_bounds(:,1))' + param_bounds(:,1)';
5. best_params=params(1,:);
6. best_cost=cost_function(best_params);
7.
8. %迭代优化
9. for iter=1:num_iterations
10. for i=1:num_particles
11. current_cost=cost_function(params(i,:));
12. if current_cost<best_cost
13. best_cost=current_cost;
14. best_params=params(i,:);
15. end
16. end
17. %更新参数(伪代码)
18. %params=update_parameters(params,best_params,iter);
19. end
20. end
21.
22. %定义成本函数(例如,验证集上的均方误差)
23. function cost=cost_function(params)
24. %根据 POA 建议的参数训练模型
25. %假设 params 包含[learning_rate,num_layers,...]
```

```
26. options=trainingOptions('adam',...

27. 'MaxEpochs',50,...

28. 'MiniBatchSize',128,...

29. 'InitialLearnRate',params(1),...

30. 'Shuffle','every-epoch',...

31. 'Verbose',false);

32.

33. %训练模型并计算在验证集上的误差

34. trainedNet=trainNetwork(train_data,train_data,lgraph,options);

35. predictions=predict(trainedNet,test_data);

36. cost=mean((predictions-test_data).^2);

37. end

38.

39. %参数优化

40. param_bounds=[0.001,0.01;%学习率范围

41.1 ,3];  %网络层数范围

42. num_iterations=100;

43. num_particles=20;

44.

45. best_params=poa_optimization(@cost_function,param_bounds,num
_iterations,num_particles);
```

4）训练优化后的模型：

```
1. %使用 POA 优化后的参数训练模型

2. options=trainingOptions('adam',...

3. 'MaxEpochs',50,...

4. 'MiniBatchSize',128,...

5. 'InitialLearnRate',best_params(1),...

6. 'Shuffle','every-epoch',...

7. 'Plots','training-progress',...

8. 'Verbose',false);

9.

10. trainedNet=trainNetwork(train_data,train_data,lgraph,options);
```

5）预测与评估：

```
1. %使用测试集进行预测
2. predictions=predict(trainedNet,test_data);
3.
4. %还原预测值
5. predictions=(predictions * sigma) + mu;
6.
7. %计算均方误差
8. mse=mean((predictions-test_data).^2);
9.
10. %可视化预测结果
11. figure;
12. plot(test_data,'-r','DisplayName','Actual Data');
13. hold on;
14. plot(predictions,'-b','DisplayName','Predicted Data');
15. xlabel('Time');
16. ylabel('Value');
17. title('Bi-TCN + Bi-GRU Prediction Optimized by POA');
18. legend;
19. hold off;
```

通过冠豪猪优化算法（POA）优化双向时域卷积网络（Bi-TCN）和双向门控循环单元（Bi-GRU）的超参数，可以构建一个高效的时间序列预测模型。POA用于优化模型参数，提升预测性能，双向网络则用于捕捉时间序列中的长短期依赖关系。

≫ 4.4　新能源功率预测模型评价 ≪

新能源功率预测模型评价使用性能评价指标（如均方根误差 $RMSE$、平均绝对误差 MAE、决定系数 R^2 等）对模型的预测结果进行评估。这些指标能够全面反映预测结果的准确性和可靠性。此外，还可以对预测误差进行监测与诊断，按照全省-地市-场站-预测环节的顺序，逐级进行误差定位与识别，可定量分析预测各层级的误差对整体误差的影响程度，在线识别功率预测过程中的关键影响因素和薄弱环节，实时指导现有预测技术进行进一步改进和优化。

将预测结果应用于电力系统的规划、运行和控制等领域。例如，超短期和短期预测有助于合理预留备用容量、调整机组组合方案、优化发电计划；中长期预测则可用于新能源新场站选址和检修计划制定。

4.4.1　评价指标

1. 均方误差（Mean Squared Error，MSE）

MSE 是预测值与实际值之间差异的平方的平均值。公式为：

$$MSE = \frac{1}{n}\sum_{i=1}^{n}(y_i - \hat{y}_i)^2 \tag{4-45}$$

式中，y_i 为实际值；$\hat{y}_i$ 为预测值；n 为样本数量。

2. 平均绝对误差（Mean Absolute Error，MAE）

公式为：

$$MAE = \frac{1}{n}\sum_{i=1}^{n}|y_i - \hat{y}_i| \tag{4-46}$$

3. 均方根误差（Root Mean Squared Error，RMSE）

$RMSE$ 是 MSE 的平方根，表示预测误差的标准偏差。公式为：

$$RMSE = \sqrt{MSE} \tag{4-47}$$

4. 平均百分比误差（Mean Absolute Percentage Error，MAPE）

$MAPE$ 是预测误差相对于实际值的百分比，通常用于衡量预测的相对准确性。公式为：

$$MAPE = \frac{1}{n}\sum_{i=1}^{n}\left|\frac{y_i - \hat{y}_i}{y_i}\right|\times100\% \tag{4-48}$$

5. 确定系数（Coefficient of Determination，R^2）

确定系数是一个统计量，用于衡量一个回归模型对数据变异的解释能力。它反映了自变量对因变量的解释程度。R^2 的值范围为 0～1，值越接近 1 表明模型对数据的拟合程度越好，说明自变量可以很好地解释因变量的变化。

确定系数的计算公式为：

$$R^2 = 1 - \frac{SS_{res}}{SS_{tot}} \tag{4-49}$$

式中：$SS_{res} = \sum\limits_{i=1}^{n}(y_i - \hat{y}_i)^2$，是残差平方和（Residual Sum of Squares），表示实际值与预测值之间的差异；$SS_{tot} = \sum\limits_{i=1}^{n}(y_i - \overline{y})^2$ 是总平方和（Total Sum of Squares），表示实际值与其均值之间的差异，其中，$\overline{y}$ 是实际值的平均值。

结果分三种情况：① $R^2 = 0$。模型没有解释任何变异，说明自变量与因变量之间没有线性关系。② $R^2 = 1$。模型完美地解释了因变量的变异，所有的点都落在回归线上。③ $0 < R^2 < 1$。模型能解释的变异程度，值越高，模型拟合效果越好。

6. 预测偏差

评估预测结果的偏差。例如，计算预测值的平均值与实际值的平均值之间的差异，以判断模型是否存在系统性偏差。预测偏差计算公式如下：

$$Bias = \frac{1}{n}\sum\limits_{i=1}^{n}(\hat{y}_i - y_i) \tag{4-50}$$

式中：y_i 为实际值；$\hat{y}_i$ 为预测值；n 为样本数量。

结果分三种情况：① $Bias = 0$。表示模型的预测值与真实值之间没有系统性偏差，即模型在整体上是无偏的。② $Bias > 0$。表示模型的预测值普遍高于真实值，说明模型存在正偏差。③ $Bias < 0$。表示模型的预测值普遍低于真实值，说明模型存在负偏差。

7. 预测区间覆盖率（Prediction Interval Coverage Probability，PICP）

用于评估模型预测区间的准确性，检查真实值落在预测区间内的比例。$PICP$ 的值越接近于所设定的置信水平（如95%），说明模型的预测区间的可靠性越高。$PICP$ 的计算公式如下：

$$PICP = \frac{1}{N}\sum\limits_{i=1}^{N}I(y_i \in [\hat{y}_i - \epsilon, \hat{y}_i + \epsilon]) \tag{4-51}$$

式中：N 为样本总数；y_i 为实际值；$\hat{y}_i$ 为预测值；ϵ 为预测区间的宽度（例如，可以是模型预测的不确定性或标准误差）；$I(\cdot)$ 为指示函数，当条件满足时为1，否则为0。

结果分三种情况：① $PICP = 0$。没有任何真实值落入预测区间。$PICP = 1$。

② 所有真实值都落入预测区间。③ $0<PICP<1$。有部分真实值落入预测区间。

选择哪些评价标准取决于具体的应用场景和需求。例如，如果更关注预测误差的绝对值，可以选择 MAE；如果对大误差特别敏感，可以选择 $RMSE$；如果希望评估预测地相对准确，$MAPE$ 可能是一个好的选择。在实际应用中，通常会结合多种评价标准来全面评估预测模型的性能。

4.4.2　评价过程

1. 评价内容

（1）误差指标：① 均方误差（MSE）。衡量预测值与实际值偏差的平方和。② 平均绝对误差（MAE）。预测值与实际值之间差异的绝对值平均。③ 均方根误差（$RMSE$）。MSE 的平方根，表示误差的标准差。④ 平均百分比误差（$MAPE$）。预测误差相对于实际值的百分比。

（2）决定系数（R^2）：衡量模型对数据变异的解释能力，值越接近 1 表示模型越好。

（3）偏差分析：评估模型的系统性偏差，检查预测值的平均值和实际值的平均值之间的差异。

（4）预测区间覆盖率（$PICP$）：评估预测区间的准确性，检查真实值落在预测区间内的比例。

（5）可视化：使用图表（如散点图、误差图、时间序列图）可视化预测结果与实际结果之间的关系，帮助直观理解模型性能。

2. 评价步骤

（1）数据分割将数据集分为训练集和测试集（通常采用 80/20 或 70/30 的比例）。

（2）模型训练：在训练集上训练选定的预测模型。

（3）模型预测：使用训练好的模型对测试集进行预测，得到预测值。

（4）计算误差指标：根据实际值和预测值，计算 MSE、MAE、$RMSE$、$MAPE$ 等误差指标。

（5）计算决定系数（R^2）：根据实际值和预测值计算 R^2，评估模型的解释能力。

（6）偏差分析：计算预测值的平均值与实际值的平均值之间的差异，以判断模型是否存在系统性偏差。

（7）预测区间评估：如果模型输出预测区间，计算 PICP 以评估其准确性。

（8）结果可视化：绘制预测值与实际值的散点图、时间序列图等，以直观展示模型性能。

（9）总结与改进建议：根据计算结果和可视化分析，总结模型的优缺点，提出改进建议（例如，特征选择、模型调整、超参数优化等）。

3. 报告撰写

整理评价结果，撰写评价报告，明确模型性能、存在的问题及改进方向。

4.4.3 功率预测考核规则介绍

1. 国家电网各区域考核案例

（1）华东电网（含上海、江苏、浙江等）。

考核指标：日预测准确率（大于等于 90%）、超短期预测偏差（±10%）。

规则示例：

1）偏差考核：若实际功率与预测值偏差超过±10%，按超出部分的电量扣减电价（如每偏差 1MWh 罚款 50 元）。

2）分段考核：高峰时段（如 10:00—14:00）偏差允许范围缩小至±8%。

3）数据上报：每日 9:00 前提交次日 0:00—24:00（每 15min 一个时间节点）共 96 个点的功率预测数据，延迟上报扣减当日预测准确率得分。

（2）西北电网（含甘肃、宁夏、新疆等，新能源高占比）。

考核指标：短期预测准确率（大于等于 95%）、超短期预测滚动更新频率（每 15min）。

规则示例：

1）分层惩罚：偏差在±15%以内不扣罚，15%～20%扣减部分收益，超过 20%加倍罚款。

2）特殊天气豁免：沙尘暴、强降雪等极端天气可申请预测偏差豁免，须提供气象证明。

3）奖惩结合：连续 3 个月预测准确率大于等于 98%的可获得额外电价补贴。

（3）华北电网（含京津冀、山东、山西）。

考核指标：合格率（月预测偏差小于等于 15%的天数占比大于等于 90%）。

规则示例：

1）积分制管理：每月初始积分为 100 分，每超偏差 1 次扣 5 分，积分低于

80 分影响次年发电计划优先级。

2）数据质量核查：若发现人为修改预测数据，直接判定当月考核不合格。

2. 南方电网（广东、广西、云南、贵州、海南）

考核特点：分电源类型差异化考核，侧重水电和海上风电。

规则示例：

（1）短期/超短期预测：短期（0~72h）预测偏差小于等于 15%，超短期（0~4h）偏差小于等于 10%。偏差每超出 1 个百分点，扣减当月结算电量的 0.5%。

（2）水电特殊规则：丰水期（6~10 月）允许放宽偏差至 20%，但需提前报备来水预测数据。

（3）市场准入关联：年度预测合格率低于 80%的电站，限制参与电力现货市场交易。

3. 考核机制的共性目标

经济性约束：通过罚款或补贴激励电站优化预测算法。

电网安全：缩小预测偏差以降低备用容量需求，减少弃风弃光。

技术驱动：推动企业采用 AI、数值天气预报（NWP）等先进技术。

4. 实际应用提示

动态调整：考核标准可能随季节、电网负荷变化更新（如冬季供暖期放宽风电偏差）。

数据透明：部分区域要求电站接入官方预测平台进行实时数据校验。

政策依据：具体规则可参考《电力系统发电机组功率预测管理暂行办法》及各区域电网发布的年度考核细则。

4.4.4 损失函数方法论及示例

1. 损失函数设计原则

（1）考核指标量化映射。将各电网考核指标（如准确率、偏差积分、上报率）转化为数学表达式，作为损失函数的惩罚项。例如，南方电网分母调整规则，将损失函数分母替换为"当月装机容量×0.2"，公式调整为：

$$L = \frac{\sum \left| P_{pred} - P_{real} \right|}{\text{装机容量} \times 0.2} + \lambda \cdot \text{上报率惩罚项} \qquad (4-52)$$

式中：P_{pred} 为预测功率值，MW，基于气象、历史数据等输入的预测结果；P_{real}

为实际功率值，MW，风电场或光伏电站的实际输出功率；装机容量为当月电站实际并网容量，MW，南方电网新规要求分母调整为"当月装机容量×0.2"；λ 为上报率惩罚系数，与未及时上报预测数据的次数相关，计算公式参考山东光伏考核细则；上报率惩罚项为考核电站预测数据上报的完整性，若上报率不足100%，按缺报次数扣减电量。

再如，华北区域偏差积分，引入时间累积误差项，模拟偏差积分考核，公式调整为：

$$L = \sum_{t=1}^{T}\left(\int_0^t \left|P_{pred}(\tau) - P_{real}(\tau)\right|\,d\tau\right)^2 \tag{4-53}$$

式中：τ 为时间变量，min，针对超短期预测的分钟级考核；P_{pred} 为预测功率值，MW，基于气象、历史数据等输入的预测结果；P_{real} 为实际功率值，MW，风电场或光伏电站的实际输出功率；T 为考核周期总时长（如超短期预测的4h 窗口）。

（2）动态权重机制。根据电网规则更新周期（如南方电网 2022 年细则调整），设计自适应权重系数：

$$w_i(t) = \frac{考核严苛度_i}{\sum_j 考核严苛度_j} \cdot e^{-\alpha t} \tag{4-54}$$

式中：α 为规则更新衰减因子，体现新旧细则的过渡平滑性。

2. 关键技术实现路径

（1）多目标联合优化框架。参考无功功率最优分布准则，建立预测精度与经济性双目标函数：

$$\min\left[L_{accuracy}, L_{economic}\right]$$
$$L_{economic} = \gamma_{eq} \cdot \sum(网损微增率 + 考核罚款率) \tag{4-55}$$

式中：$L_{accuracy}$ 为代表预测精度损失；$L_{economic}$ 为代表经济性损失；γ_{eq} 为等值系数；网损微增率指电网损耗的微小增量比率；考核罚款率指因未能达到某种运行指标或规定（例如，无功功率的分配不合理、电压质量不达标等）而需要支付的罚款比率。

通过帕累托前沿求解最优折中解。

（2）时序约束建模。针对超短期预测的分钟级考核，在损失函数中强化时间连续性约束：

$$L_{\text{smooth}} = \beta \cdot \sum \left(\frac{\partial^2 P_{\text{pred}}}{\partial t^2} \right)^2 \qquad (4-56)$$

式中：β 为平滑度权重系数；P_{pred} 为预测功率值，MW，基于气象、历史数据等输入的预测结果。

该约束可减少华北区域考核中提到的"误差突变"。

3. MATLAB 代码示例

（1）考核规则数学建模与损失函数设计。

1）分段惩罚函数（西北电网分层惩罚）：

```
1. function loss=customLossNW(yTrue,yPred)
2. %西北电网分层惩罚规则:偏差<15%不惩罚,15%~20%线性惩罚,>20%指数惩罚
3. error=(yPred-yTrue)./yTrue;%归一化偏差
4. penalty=zeros(size(error));
5.
6. %分层条件判断
7. idx1=abs(error)<=0.15; %第一层:无惩罚
8. idx2=(abs(error)>0.15)&(abs(error)<=0.20);
9. idx3=abs(error)>0.20; %第三层:指数惩罚
10.
11. penalty(idx1)=0;
12. penalty(idx2)=1.5 * error(idx2);
13. penalty(idx3)=3.0 * error(idx3).^2;
14.
15. loss=mean(penalty.^2);%均方惩罚
16. end
```

2）时段敏感损失（华东电网高峰时段权重）：

```
1. function loss=timeWeightedLoss(yTrue,yPred,timestamps)
2. %华东电网高峰时段(10:00-14:00)误差权重加倍
3. hours=hour(timestamps);
4. peakHours=(hours>=10)&(hours<=14);
5. weights=ones(size(yTrue))* 1.0;
```

```
6. weights(peakHours)=2.0;%高峰时段权重
7.
8. squaredError=(yPred-yTrue).^2;
9. loss=sum(weights.* squaredError)/sum(weights);
10. end
```

3）季节自适应损失（南方电网丰水期放宽）：

```
1. function loss=seasonalLoss(yTrue,yPred,season)
2. %南方电网丰水期(6-10月)允许偏差20%,其他季节15%
3. if ismember(season,{'Jun','Jul','Aug','Sep','Oct'})
4. allowedError=0.20;
5. else
6. allowedError=0.15;
7. end
8.
9. error=abs(yPred-yTrue)./yTrue;%绝对偏差比例
10. exceedMask=(error>allowedError);%超出允许范围的样本
11. loss=mean(max(error-allowedError,0));%仅惩罚超出部分
12. end
```

（2）多目标联合优化框架。

```
1. function totalLoss=multiObjectiveLoss(yTrue,yPred,params)
2. %综合损失=主预测误差 + 考核惩罚项 + 数据质量约束
3. %params:包含电网规则参数的结构体
4.
5. %主损失项(均方误差)
6. mseLoss=mean((yPred-yTrue).^2);
7.
8. %考核规则惩罚项(示例为分段惩罚)
9. error=(yPred-yTrue)./yTrue;
10. penalty=params.alpha                              *
piecewisePenalty(error,params.thresholds);
11.
```

```
12. %数据质量约束(如华北电网数据篡改检测)

13. dataQualityLoss=params.gamma * detectAnomaly(yPred);

14.

15. totalLoss=mseLoss + penalty + dataQualityLoss;

16. end

17.

18. function p=piecewisePenalty(error,thresholds)

19. %分段惩罚计算(阈值示例:[0.15,0.20])

20. p=zeros(size(error));

21. p(abs(error)<=thresholds(1))=0;

22. p(abs(error)>thresholds(1)& abs(error)<=thresholds(2))=1.5 *
abs(error(abs(error)>thresholds(1)& abs(error)<=thresholds(2)));

23. p(abs(error)>thresholds(2))=3.0                                *
abs(error(abs(error)>thresholds(2))).^2;

24. end
```

（3）模型训练与动态规则适配。

1）LSTM 模型集成自定义损失：

```
1. %定义 LSTM 网络结构

2. layers=[...

3. sequenceInputLayer(numFeatures)

4. lstmLayer(128)

5. fullyConnectedLayer(1)

6. regressionLayer];

7.

8. %自定义训练循环

9. options=trainingOptions('adam',...

10. 'MaxEpochs',100,...

11. 'Plots','training-progress',...

12. 'LossFcn',@(yTrue,yPred)customLossNW(yTrue,yPred));%绑定西北
电网损失

13.
```

```
14. %训练模型
15. net=trainNetwork(XTrain,YTrain,layers,options);
```

2）动态规则参数加载：

```
1. function lossFcn=getDynamicLoss(region,currentSeason)
2. %根据电网区域和季节动态选择损失函数
3. switch region
4. case '华东电网'
5. lossFcn=@(yTrue,yPred,t)timeWeightedLoss(yTrue,yPred,t);
6. case '南方电网'
7. lossFcn=@(yTrue,yPred,~)seasonalLoss(yTrue,yPred,currentSeason);
8. end
9. end
10.
11. %在训练过程中更新损失函数
12. currentSeason='Jul';%当前为丰水期
13. lossFuncHandle=getDynamicLoss('南方电网',currentSeason);
14. options.LossFcn=lossFuncHandle;
15. retrain(net,XTrain,YTrain,options);
```

（4）验证与考核模拟器。

1）离线考核指标计算

```
1. function[totalPenalty,accuracy]=simulateGridPenalty(yTrue,yPred,params)
2. %模拟电网罚款计算(参数示例:params.thresholds=[0.15,0.20])
3. error=abs((yPred-yTrue)./yTrue);
4.
5. %分区间统计超限电量
6. exceedLevel1=sum(error>params.thresholds(1));
7. exceedLevel2=sum(error>params.thresholds(2));
8.
9. %计算罚款(假设每MWh罚款50元)
```

```
10. totalPenalty=exceedLevel1 * 50 + exceedLevel2 * 100;
11.
12. %计算预测准确率
13. accuracy=sum(error<=params.thresholds(1))/numel(yTrue)* 100;
14. end
```

2）敏感性分析可视化

```
1. function plotSensitivity(yTrue,yPred,thresholds)
2. %可视化不同阈值下的罚款变化
3. allThresholds=0.05:0.01:0.25;
4. penalties=arrayfun(@(t)simulateGridPenalty(yTrue,yPred,t),all
Thresholds);
5.
6. figure;
7. plot(allThresholds,penalties);
8. xlabel('考核阈值');
9. ylabel('模拟罚款金额(元)');
10. title('阈值敏感性分析');
11. end
```

（5）验证与考核模拟器。

1）自定义损失集成。MATLAB 中需通过 trainingOptions 的 LossFcn 参数或自定义训练循环实现，需确保损失函数支持自动微分（可通过 dlgradient 实现）。

2）动态参数传递。使用匿名函数［@（yTrue，yPred）…］封装季节、区域等参数：

```
1. lossFunc=@(yTrue,yPred)seasonalLoss(yTrue,yPred,'Jul');
```

3）分位数回归实现。使用 MATLAB 优化工具箱求解分位数损失：

```
1. function loss=quantileLoss(yTrue,yPred,tau)
2. residuals=yPred-yTrue;
3. loss=mean(residuals.*(tau-(residuals<0)));
4. end
```

4）强化学习集成。结合 Reinforcement Learning Toolbox 定义电网考核奖惩信号：

```
1. env=rlFunctionEnv(observationInfo,actionInfo,...
2. @(action,loggedSignals)gridStepFunction(action,loggedSignals
));
```

通过将电网考核规则编码为 MATLAB 可计算的损失函数，可使模型在训练过程中直接优化电网关注的业务指标，实现技术目标与运营需求的精准对齐。实际部署时，须将上述代码片段嵌入完整的模型开发流水线，并结合具体电网的年度考核细则调整参数。

5

新能源场站运维

» 5.1 光伏电站运维 «

5.1.1 运维要求

1. 光伏组件

（1）电气部分：

1）光伏组件应定期检查，不应出现以下情况：光伏组件存在玻璃破碎、背板灼焦、明显的颜色变化（热斑现象）；光伏组件中存在与组件边缘或任何电路之间形成连通通道的气泡；光伏组件接线盒变形、扭曲、开裂或烧毁，接线端子无法良好连接。

2）光伏组件上的带电警告标识不得丢失。

3）使用金属边框的光伏组件，边框和支架应结合良好。

4）使用金属边框的光伏组件，边框必须牢固接地，边框或支架对地电阻应不大于 4Ω。

5）对于接入分布式光伏运维云服务平台的电站，组件可通过在线巡检，实时监控组件运行状态，在发现组件故障后配合现场检修。对于未接入平台的电站，组件巡检周期一般为 1 个月，一次巡检组件数量不低于 1/4。

（2）非电气部分：

1）光伏系统应与建筑主体结构连接牢固，在台风、暴雨等恶劣的自然天气过后应普查光伏方阵的方位角及倾角，使其符合设计要求。

2）光伏方阵整体不应有变形、铺位、松动。

3）用于固定光伏方阵的植筋或后置螺栓不应松动；采取预制基座安装的光伏方阵，预制基座应放置平稳、整齐，位置不得移动。

4）光伏方阵的主要受力构件、连接构件和连接螺栓不应损坏、松动，焊缝不应开焊，金属材料的防锈涂膜应完整。

5）所有螺栓、焊缝和支架连接应牢固可靠。

6）支架表面的防腐涂层。

7）支架应排列整齐，不应出现歪斜、基础下沉等情况，否则应及时联系工程部门进行维。

8）光伏方阵的支承结构之间不应存在其他设施；光伏系统区域内严禁增设对光伏系统运行及安全可能产生影响的设施。

9）光伏陈列的支撑建筑屋面不应存在漏水、脱落等现象，否则应及时通知业主方并协助业主方做好修缮工作。

2. 直流汇流箱、直流配电柜、交流配电柜

（1）电气部分：

1）直流汇流箱不得存在变形、烧焦、锈蚀、溺水、积灰现象，箱体外表面的安全警示标识应完整无破损，箱体上的防水锁启闭应灵活。

2）直流汇流箱内各个接线端子不应出现松动、锈蚀现象。

3）直流汇流箱内的高压直流熔丝的规格应符合设计规定，如熔断器出现烧焦、断裂、脱落等现象，应及时更换。

4）在不带电情况下，采用接地电阻测试仪或绝缘电阻表测量直流输出母线的正极对地、负极对地的绝缘电阻应大于 $1M\Omega$。

5）直流输出母线均配备的直流断路器，其分断功能应灵活、可靠。

6）直流汇流箱内防雷器应有效。

7）汇流箱、避雷器接地端、二次设备接地端对地电阻应小于 1Ω。

8）校验智能型汇流箱所显示的电流值与实际测量值偏差不应大于 5%，否则应及时进行校正或更换。

9）对于接入分布式光伏运维云服务平台的电站，汇流箱可通过在线巡检，实时监控汇流箱各路直流输入及输出电气参数、运行状态，在发现汇流箱故障后配合现场检修。对于未接入平台的电站，汇流箱巡检周期一般为 1 个月，对所有汇流箱进行检查。

（2）非电气部分：

1）箱体的安装基础应保持稳定，所有固定螺丝应紧固，不得出现松动。

2）箱体应密封完好。

3. 逆变者

（1）电气部分：

1）逆变器结构和电气连接应保持完整，不应存在锈蚀、积灰等现象，散热环境应良好，逆变器运行时不应有较大振动和异常噪。

2）逆变器上的警示标识应完整无破损。

3）逆变器中模块、电抗者、变压器的散热器风扇根据温度自行启动和停止的功能应正常，散热风扇运行时不应有较大振动及异常噪声，如有异常情况应断电检查。

4）定期将交流输出侧（网侧）断路器断开一次，逆变器应立即停止向电网馈电。

5）逆变器中直流母线电容温度过高或超过使用年限，应及时更换。

（2）非电气部分：

1）逆变器的安装基础应保持稳定，所有固定螺丝应紧固，不得出现松动。

2）逆变器箱体应密封完好。

4. 电缆及线路

（1）电缆不应在过负荷的状态下运行，电缆的铅包不应出现膨胀、龟裂现象。

（2）电缆在进出设备处的部位应封堵完好，不应存在直径大于 10mm 的孔洞，否则用防火堵泥封堵。

（3）在电缆对设备外壳压力、拉力过大部位，电缆的支撑点应完好。

（4）电缆保护钢管口不应有穿孔、裂缝和显著的凹凸不平，内壁应光滑；金属电缆管不应有严重锈蚀；不应有毛刺、硬物、垃圾，如有毛刺，锉光后用电缆外套包裹并扎紧。

（5）应及时清理室外电缆井内的堆积物、垃圾；如电缆外皮损坏，应进行处理。

（6）检查室内电缆明沟时，要防止损坏电缆，确保支架接地与沟内散热良好。

（7）直埋电缆线路沿线的标桩应完好无缺；路径附近地面无挖掘；确保沿路径地面上无堆放重物、建材及临时设施，无腐蚀性物质排泄；确保室外露地面电缆保护设施完好。

（8）确保电缆沟或电缆井的盖板完好无缺；沟道中不应有积水或杂物；确保沟内支架应牢固、有无锈蚀、松动现象；铠装电缆外皮及铠装不应有严重锈蚀。

（9）多根并列敷设的电缆，应检查电流分配和电缆外皮的温度，防止因接触不良而引起电缆烧坏连接点。

（10）确保电缆终端头接地良好，绝缘套管完好、清洁、无闪络放电痕迹；确保电缆相色应明显。

（11）金属电缆桥架及其支架和引入或引出的金属电缆导管必须按地（PE）或接零（PEN）可靠；桥架与桥架间应用接地线可靠连接。

5.1.2 运维方法

光伏电站的运维一般以人工和智能运维相结合的方式，智慧运维指利用各种传感和传输技术，采集光伏设备运行参数，通过光伏运维云服务平台，分析参数，实现远程运维。近年，无人机巡检技术被用在光伏场站上。光伏场站无人机智能巡检，有助于提高巡检效率和巡检精确度，减少人工巡检的比重，为光伏发电场增益增效，是推进绿色低碳产业数字化转型和清洁低碳安全高效的能源体系建设的必由之路。光伏场站无人机巡检共有四大环节，分别是模型建设、航线生成、自主巡检、数据分析。

1. 模型建设

光伏电站的模型建设是无人机巡检设计中的基础环节。模型分为二维和三维，它们分别在不同的维度上展示了光伏系统的布局、结构和性能。二维模型占用空间小，图片纹理清晰，能快速、直观地呈现光伏场的整体布局，包括光伏组件的排列、道路规划、电缆走向等，有助于快速准确识别光伏板。而三维模型则对光伏场有更加细节、立体的展示，相比二维模型只有经度和维度，三维模型在经纬度的基础上还增加了高度，有助于无人机仿地飞行的航线规划。

当前三维建模技术主要是通过三维激光扫描或可见光照片拍摄的方法采集实体模型三维信息数据，对三维点云数据进行处理，根据处理后的点云数对信息采集对象实体的三维特征进逆向重建，并进行应用扩展。其步骤主要有：

（1）三维点云数据采集。通过无人机挂载激光雷达或高清可见光相机，对巡检区域进行多个条带航线的防地飞行和倾斜摄影。

（2）三维点云的数据处理，包含点云去噪、分类、滤波处理、点云拼接、统一坐标系统。对采集到的激光点云数据除噪声点、精简冗余数据，将从不同视角进行扫描得到的多个空间点云进行拼接，多个飞行条带数据拼接时统一坐标系统。

（3）三维点云数据建模，包含数据预处理和模型构建。数据预处理主要涉及点云分类规则网格化、点云空间索引快速生成，模型构建主要涉及点云地物的分类定义，如光伏板、房屋、树木、道路、交跨导线、杆塔。

（4）三维点云数据展示，按照不同级别对数据进行分类、压缩，每一级别包括集、块和包三级索引，实现高度存储和快速加载显示，采用合理的存储格式实现高效存储和快速加载显示。

在模型建成后，可根据光伏电站建设时划定的区域在模型中进行区域划分。通过经纬度、欧拉角、光伏板规格等信息计算出每个光伏板所在经纬度范围，利用可见光图片丰富的纹理特征信息识别光伏板，并建立光伏板台账。光伏板台账信息包括光伏板的名称、所属区域、经度、纬度、高度、朝向等。

2. 航线规划

航线规划是光伏电站无人机巡检中的重要一环，对无人机巡检的路线进行了规划，是光伏巡检提升效率的关键。针对光伏巡检的航线规划，可分为日常巡检和特殊巡检两种模式。在日常巡检模式下，按区域为单位计算整个光伏电站的航线，并为每个区域分别规划一条航线。根据区域内每块光伏板的经纬高位置信息，通过无人机离地面高度和无人机相机的可视范围，规划一条能够拍摄所有光伏板的航线。而在特殊巡检模式下，用户可以选取要单独巡检的个别光伏板，这些光伏板可以分散分布，无须在同一区域，自动规划一条航线，以覆盖所有选中的光伏板。图 5-1 为航线规划示意图。

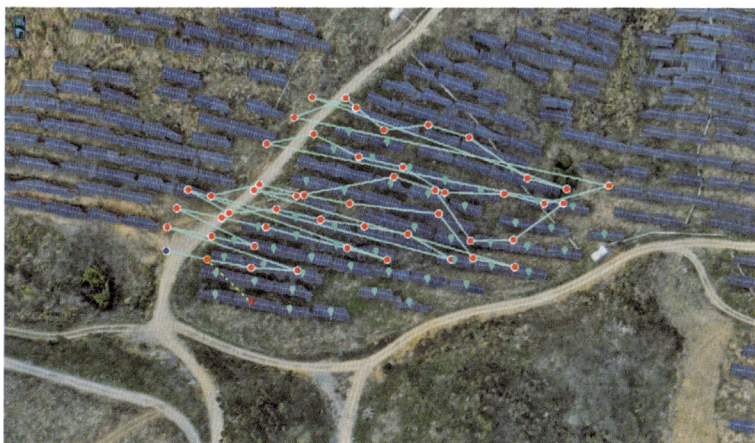

图 5-1 航线规划示意图

航线规划中，航点设置和航线联通是两大重要因素。

航点设置负责根据要巡检的光伏板位置，计算出基础航点数据，包括航点位置、偏航角及相机俯仰角。

航点可视范围计算：通过相机的视场角及预设的离地面相对高度，结合各光伏板的位置信息，计算得出该航点下相机拍摄的照片中能覆盖到的光伏板，并判断这些光伏板在照片中是以完整的形式还是部分的形式出现。

航点海拔计算：光伏巡检航线需要离地面等高。因此在规划航线时需要使用预先建好的光伏电站三维点云模型，计算得出该航点经纬度下的地面海拔，再加上预设的离地面相对高度，得到航点的海拔。

相机俯仰角计算：部分光伏电站会有一定的地势起伏，光伏板也会随着地势和水平面有一定的夹角。因此需要根据要拍摄的光伏板与水平面的角度动态调整航点的相机俯仰角，以保证拍摄照片的质量。使用预先建好的光伏电站三维模型，计算航点所在的一定范围的地面与水平面的夹角，从而预估出在该位置下拍摄所采用的最佳相机俯仰角数值。

航线联通则是计算空间网络，构成航点之间安全连通的网络图。首先利用最短路径算法和旅行商算法，获得一条覆盖所有巡检点的完整航线。然后对航线上航点进行电量预估，并对完整航线进行分段，获得一条能让无人机在安全电量状态下飞行完成的航线作为本架次的巡检航线。在巡检的过程中，机库会实时监控无人机电量，飞机到达每个航点时会检测读取电量是否低于算法输出的航点最低安全返航电量，若低于安全电量则触发安全返航，安全返航算法会使用最短路径算法规划出一条最近的且保证飞行安全和电量安全的返航航线，系统把返航航线下发给无人机，无人机自动返航。巡检结束后，统计本架次实际巡检航点并更新任务待巡检的航点，并重新调用动态航线规划算法规划出下一架次的巡检航线，直到所有航点全部巡检完毕。

3. 自主巡检

当前，无人机巡检在电网的输变配场景中已广泛落地，"无人机＋智慧机库"的工作模式已成熟应用并成为常态化运维手段。这种网格化、自动化的巡检技术同样可以应用到光伏场站的巡检中。

基于智能巡检云平台，利用无人机及智能机库可实现光伏场站自主巡检。智能巡检云平台是对光伏巡检过程数据的收发、存储、分析、展示的综合性平台，有利于光伏电站运维人员远程、实时、数字化掌握无人机巡检情况。智能巡检云平台包括数据管理模块、巡检任务模块、巡检监控模块、数据分析模块，服务光伏场站无人机巡检全过程。

图2所示为光伏电站无人机自主巡检现场照片。

图5-2 光伏电站无人机自主巡检现场照片

（1）数据管理模块。数据管理模块包括对上述二维和三维模型、航点航线、台账管理等系统多方面数据管理。对二维和三维模型的管理主要体现在模型上传、与光伏电站点绑定、模型展示和获取模型经纬高等参数。航点航线管理则是。台账管理则是对光伏电站点台账、无人机台账、机库台账、实时动态差分定位台账、光伏板台账等台账进行属性定义，为自主巡检提供参数支持。

（2）巡检任务模块。巡检任务模块包括巡检计划、巡检任务、巡检记录等子模块。巡检计划子模块用于设计定期巡视或未来特定时间段的任务，无人机及机库可根据巡检计划设定时间自动执行巡检任务，实现自主巡检。巡检任务子模块则是用于定义任务内容，包括任务名称、巡检区域、巡检设备、巡检航线、飞行速度、拍照动作、无人机起飞/降落高度等参数，为无人机自主巡检提供动向指导。巡检记录模块则是记录无人机巡检过程中的里程碑信息，包括任务开始/结束时间、巡检照片及照片参数信息、无人机轨迹等。

（3）巡检监控模块。在巡检过程中，无人机及机库的状态需要实时监控，以确保无人机安全地按照规划巡检。巡检监控模块可以通过选择某个站点，查看该站点机库内实时画面、机库外实时画面、当前任务、机库信息等数据。无人机返回当前经度、纬度、高度、电量、实时动态差分定位状态、机头朝向、云台俯仰角、云台水平角等数据，并将第一视角的可见光或红外视频流实时回传至智能巡检云平台，实现无人机状态监控。无人机的实时轨迹也会显示在光伏场站三维模型中，与模型中的航线对比，可以直观地监控无人机当前位置是否偏离航线，保障无人机安全飞行。

（4）数据分析模块。无人机执行完航线任务后，拍摄的可见光、红外照片可实时回传至智能巡检云平台。将原始数据进行清洗、去噪、校准等预处理，利用图像处理和机器学习智能识别算法，对光伏板表面的热斑、虚焊、遮挡等多种问题进行智能识别与分类，从而发现光伏板的热斑缺陷隐患，如图 5-3 所示。

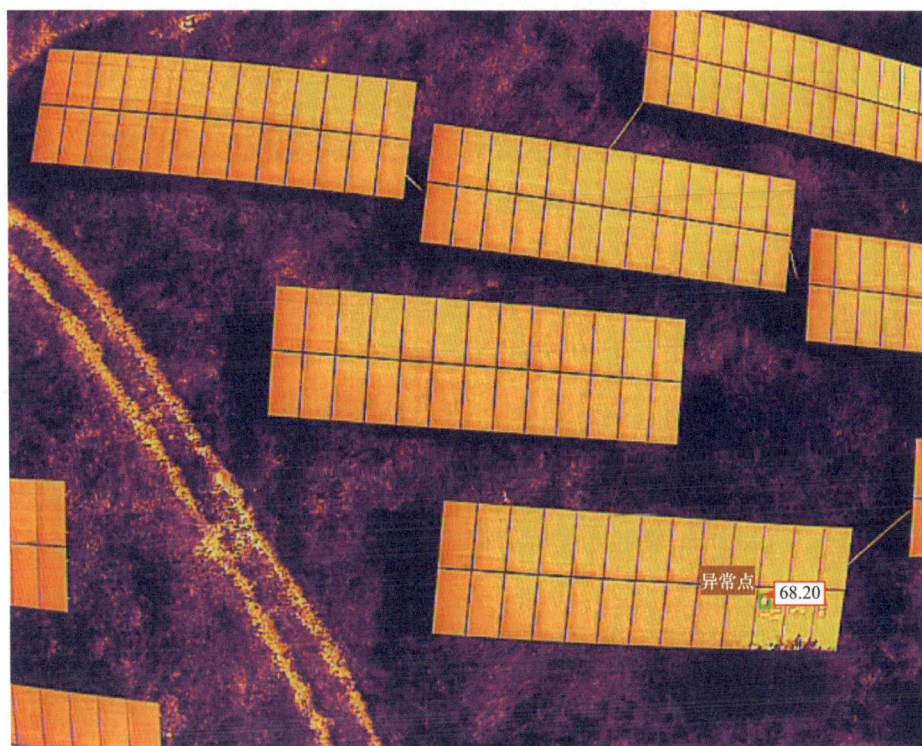

图 5-3　光伏板热斑缺陷识别结果

5.2 风电场运维

5.2.1 运维要求

1. 定期检查轮毂和叶片

要定期检查轮毂及叶片，确保其没有裂纹、断裂等损伤。发现问题及时更换或修复，以保障整个风电机组的正常运转。风轮是风电机组非常重要的组成部分，对于保证风电机组的正常运行和发电效率起着关键作用。定期检查风轮的状况，可以及时发现和处理潜在问题，确保其在运行中的安全性和可靠性。

（1）第一步：检查轮毂和叶片的外观，定期检查轮毂和叶片外观状况，包括表面是否有明显破损、裂纹或腐蚀等问题。特别要注意轮毂和叶片是否存在严重损坏或变形，比如，叶片是否松动或弯曲。

（2）第二步：检查轮毂和叶片的连接部分，轮毂和叶片连接部分通常使用螺栓或其他连接装置固定，定期检查其连接是否松动或损坏。如果发现有松动情况，需要及时拧紧螺栓或更换损坏的连接装置。

（3）第三步：检查轮毂和叶片的平衡性，检查轮毂和叶片的平衡性对风电机组正常运行至关重要。定期进行平衡性检查，可以通过专业设备或工具来检测叶片平衡性是否符合要求，若发现不平衡情况，需要进行平衡校正，以免对整个系统造成损害。

（4）第四步：检查轮毂和叶片的清洁度，检查轮毂和叶片表面会有灰尘、沙尘等附着物，这些附着物可能会影响风机的工作效率。定期清洗轮毂和叶片表面，可以使用专门的清洗设备或工具，确保其表面始终干净。

（5）第五步：定期检修和维护，除定期检查轮毂和叶片状况外，还需要进行定期检修和维护工作。包括定期检查更换损坏的叶片、修复受损风轮、定期涂层保护等。定期检修和维护工作能够延长风机的使用寿命，提高风电机组的产能和可靠性。

2. 检查传动装置

定期检查传动装置的润滑情况，必要时，添加润滑油或更换润滑脂。同时，检查传动装置的齿轮、轴承等零部件，确保其正常运转，避免故障发生。

检查风电机组的传动装置是确保机组正常运行和延长使用寿命的重要步

骤。以下是检查传动装置的一般步骤：

（1）外观检查，仔细观察传动装置的外观，检查是否存在明显的破损、裂纹、锈蚀等问题。如果有明显的损坏或异常，需要及时进行修复或更换。润滑状况检查，检查传动装置的润滑状况，包括润滑油的油位和取样送检是否正常。确保润滑油的量足够，并且没有污染或变质。如果发现问题，需要及时更换润滑油，确保传动装置的正常润滑。螺栓紧固检查，检查传动装置上的螺栓是否松动或脱落。特别注意连接重要部件的螺栓，如轴承座、齿轮等，确保其紧固牢固，避免传动装置的松动或损坏。

（2）齿轮磨损检查，检查传动装置的齿轮磨损情况。观察齿轮表面是否有明显的磨损、腐蚀或断裂，以及齿轮间隙是否正常。如果发现齿轮磨损较严重，需要及时更换或修复。

（3）噪声和振动检查，运行风电机组时，仔细听取传动装置是否有异常的噪声或振动。异常的噪声或振动可能是传动装置出现故障的信号，需要及时进行故障排查和修复。温度检查，使用温度检测设备或仪器，检查传动装置的温度是否正常。异常的高温可能意味着传动装置存在摩擦或其他问题，需要及时排查和解决。运行记录和维护情况，查看传动装置的运行记录和维护情况，掌握传动装置的使用时间、维护频率和内容。根据运行记录和维护情况，制定合理的维护计划，确保传动装置的正常运行。

3. 监测电气系统

定期监测风电机组的电气系统，包括电缆、开关、熔丝等，同时做好风电机组电气控制系统的维护和测试，确保电气设备良好接地，电缆连接稳固，控制正常，防止因电气故障导致事故发生。

4. 天气监测

及时了解风况、降雨等天气情况，确保风电机组在不良天气下安全运行。对于风力超过机组额定运行范围的情况，采取自动切机保护措施避免设备损坏。

5. 定期维护润滑系统

风电机组的润滑系统是确保其正常运行的关键。定期维护润滑系统，包括检查润滑油的质量和添加量，清洁润滑系统中的滤芯和过滤器等。

6. 定期进行振动监测

振动是风电机组故障隐患的重要指标之一。定期进行振动监测，可以发现潜在故障，并及时采取修复措施，避免设备损坏和事故发生。

7. 做好记录和统计工作

记录和统计风电机组运行状态、维护记录、故障和修复情况等信息，为后续分析和决策提供参考依据。这些日常运维措施能够保障风电机组的正常运转和高效发电。定期检查和维护还能够延长风电机组的寿命，降低运营成本。因此，日常运维是风电行业不可忽视的重要环节。

通过各类传感器和设备对风机运行状态、环境参数、电力数据等信息进行采集，并通过网络传输至监控中心，为风电运维提供翔实的运营数据支撑。

（1）风机运行监测。数据采集与传输技术可实时监测风机各部件的运行状态，包括振动、温度、风速风向等参数。通过分析这些数据，运维人员可提前发现故障隐患，及时采取措施预防事故发生。

（2）环境监测。风电场内的环境数据，如湿度、温度、风速等，也会影响风机的运行效率和寿命。数据采集与传输技术可监测这些环境参数，为风机的调节和保护提供依据。

（3）电力参数监测。风机发电量、电压、电流等电力参数是衡量风机性能的关键指标。通过数据采集与传输技术，运维人员可实时监测电力参数，分析风机的发电效率，优化发电曲线。

（4）远程运维数据采集与传输技术使远程运维成为可能。运维人员可通过远程监控中心实时获取风机运行数据，及时响应故障报警，并远程控制风机进行启停、调节等操作。

（5）数据分析与预测通过对采集到的海量数据进行分析，运维人员可识别风机故障模式，预测未来故障发生概率，制定有针对性的维护计划，提高风电场的运维效率和可靠性。

5.2.2　运维方法

风电场的运维一般以人工和智能运维相结合的方式，智慧运维指利用各种传感和传输技术，采集风电机组运行参数，通过运维云服务平台，分析参数，实现远程运维。近年，无人机巡检技术被用在风电场上。风电场无人机自动化巡检系统基于风电场三维建模和航线规划，为风电场巡检人员配备支持快速航线规划及自动飞行拍照的无人机巡视调度系统，无人机巡视调度系统通过4G/5G网络实现风机叶片位置识别、无人机航线自动规划、无人机自主起降、自主巡检、自动输出巡检报告等功能，实现风机设备的无人机自主巡视。

1. 系统组成

风电场无人机智能巡检系统由多旋翼无人机（巡检终端）、无人机前端计算模块（边缘端平台）、软件及服务系统（云端平台）三部分组成。

（1）硬件部分。以无人机、前端计算模块、无人机机库为硬件平台，采用高精度定位无人机，开展风机设备的无人机自动巡检。

1）无人机本体及云台设备采用高精度定位无人机搭载高分辨率相机。

2）无人机前端计算模块为无人机进行前端识别的主要工具，通过机载软件开发工具包与无人机本体联动通信，支持风机叶片姿态识别、巡检航线自动规划及缺陷识别等功能。

3）无人机机库包括换电机库、充电机库、移动机库等类型，用于实现无人机能源补给、储存、控制、起降及航线飞行。

图 5-4 所示为风电场无人机智能巡检方案示意图。对于集中式风机，可采用自动换电或充电机库，对于长距离分布式风机，可采用移动机库，实现风电场所辖风机全覆盖巡检。

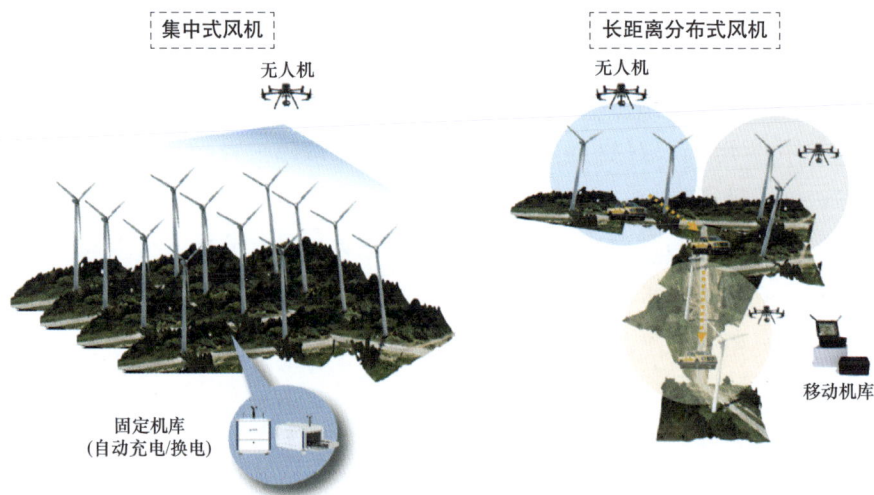

图 5-4　风电场无人机智能巡检方案示意图

（2）软件部分。风电场无人机智能巡检系统由三维航线规划系统、无人机调度系统和数据分析管理系统三个子系统组成。

1）三维航线规划系统。三维航线规划系统可根据用户巡检作业要求编辑任务点，自动生成无人机航线，是无人机自动巡检的基础。该系统能够根据风电场各类设备的高精度三维激光点云模型，综合考虑设备的分布、无人机巡检能力、巡检质量等因素，输出风电场高精度飞行航线数据，为无人机自动化巡检提供安全保障。

2）无人机调度系统。无人机调度系统集成航线整合与优化、编制巡视计划、无人机远方调度等模块，可实现各类设备任务自动下达、无人机自主巡视、数据实时回传功能。①巡检任务自主下发：无人机巡视调度功能模块可通过网络将巡检任务及目标参数下达至无人机前端计算模块，实现对无人机进行远方调度。②状态数据信息和巡视数据回传：无人机巡视过程中，前端计算模块将和推流服务器分别将无人机实时状态数据信息及图传数据通过网络传输至无人机调度系统，实现无人机的实时状态监控；无人机巡视任务结束后，前端计算模块支持将巡视图片回传至调度系统，系统可根据巡视图片定位信息关联设备台账对拍摄设备进行识别，将图片自动存储至设备对应的文件夹中，实现巡视数据管理。

图5-5所示为无人机调度系统界面。

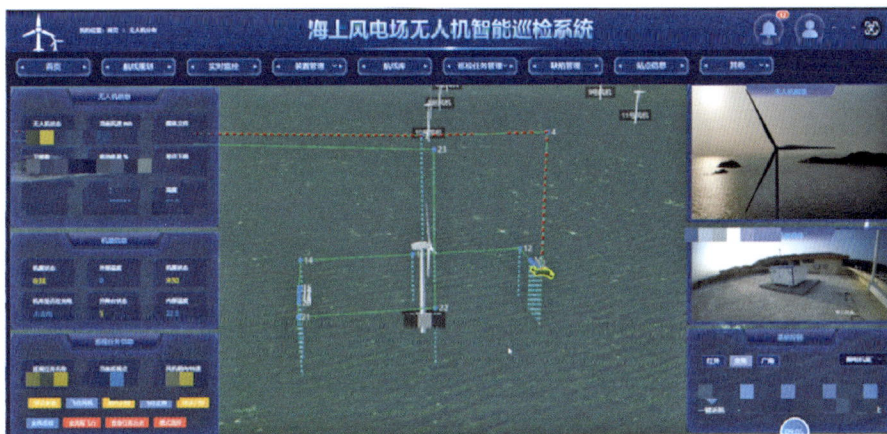

图5-5 无人机调度系统界面

3）数据分析管理系统。数据分析管理系统集成巡视数据与设备台账、巡视任务自动关联模块，可视化展示模块，设备缺陷分析及管理模块，能实现巡视数据自动整理、保存，缺陷后端识别及全过程管控功能。

2. 风电场无人机自动巡检技术路线

风电场无人机自动巡检流程包括勘察建模、航线规划、巡检作业、智能诊断四个步骤，如图5-6所示。

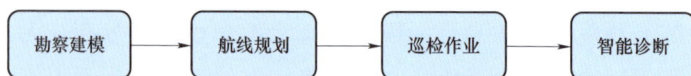

图 5-6　风电场无人机自动巡检流程图

（1）勘察建模：

1）风机三维建模。采用无人机激光雷达采集风机设备三维点云数据，获取风电场整体地理状态及风机的精准定位。

2）点云数据校核。使用实时动态差分定位技术采集控制点，对采集的三维点云数据进行校准。

3）根据建模结果，标定风机、风叶数据，导入相关台账信息。

（2）航线规划：风机巡检航线规划系统根据风机台账信息及三维模型规划风场、风机的巡检飞行航线，无人机进入风机巡检作业点后，通过获取的图像数据判定风机叶片方位角和旋转速度，前端自动规划单台风机巡检的航点、航线及巡检任务，对风机叶片表面进行精细化巡视。图 5-7 所示为风机巡检航线规划示意图。

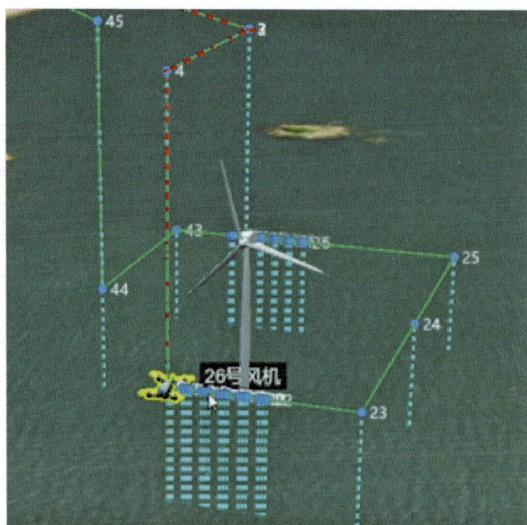

图 5-7　风机巡检航线规划示意图

3. 巡检作业

以陆上风电场移动机库为例，巡检作业的具体操作流程为：

（1）工作人员携带无人机至邻近风机设备的起飞点，对无人机进行起飞前检查。

（2）操作调度系统下达飞行任务，自动起飞。

（3）风机巡检过程无须人工干预，等待无人机返航。

（4）无人机降落后，更换电池并收纳，转移至下一个起飞点。

图 5-8 所示为风机无人机巡检作业现场照片。

图 5-8　风机无人机巡检作业现场照片

4. 智能诊断

（1）智能识别。通过无人机巡检采集风机叶片的缺陷图片样本进行模型训练，基于卷积特征级联融合的风叶缺陷检测识别，实现对风机叶片图像缺陷的智能识别。风机设备缺陷智能识别流程如图 5-9 所示。

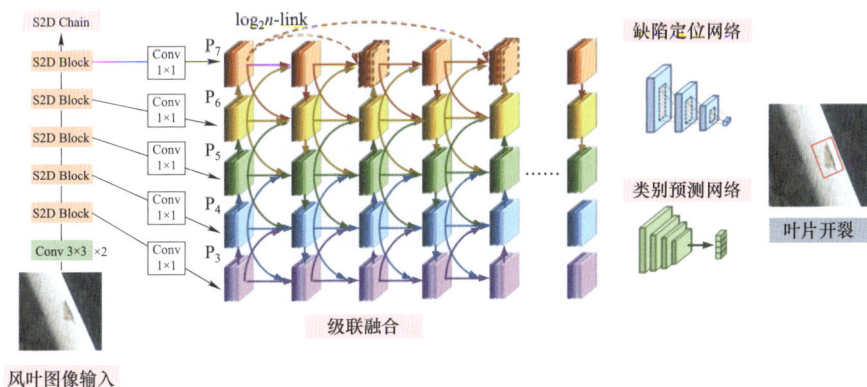

图 5-9　风机设备缺陷智能识别流程

（2）识别结果人工审核。采用友好的交互方式对智能识别结果进行人工双次审核，指导班组人员进行最终的缺陷判定和定级。

（3）缺陷报告一键生成。为了满足检修作业和运维管理需求，自动生成设备缺陷报告。

（4）模型管理。随着风机巡检工作开展，样本数据也会越来越多，为模型迭代训练提供了更多的训练素材。

（5）识别类型。识别类型主要包括胶衣脱落、前缘开裂、油污灰层、接闪器缺失、防雨罩脱落、表面腐蚀、表面污染等。

图 5-10 所示为风机巡检缺陷识别结果。

图 5-10　风机巡检缺陷识别结果

➤ 5.3　升 压 站 运 维 ❮

升压站运维主要包括电缆、配电系统、主变压器、SVG、继保装置、监控自动化系统、UPS 系统等设备的运维，包括运维周期，运维项目和要求等，及早发现各类设备运行问题并技术出力，保障风电场和光伏站安全可靠发电。

5.3.1 电缆线路运维

1. 运维周期

（1）定期巡视：电缆线路每三个月巡视一次。35kV 及以下箱式变电站、开关柜分支箱的电缆终端 2～3 年结合停电巡视检查一次。电缆线路巡视应结合运行状态评价结果，适当调整巡视周期。

（2）特殊巡视：电缆线路发生故障后应立即进行巡视，具有交叉互联的电缆线路跳闸后，应同时对线路上的交叉互联箱、接地箱进行巡视。因恶劣天气、自然灾害、外力破坏等因素影响及电网安全稳定有特殊运行要求时，组织开展巡视。对电缆线路周边的施工行为应加强巡视，已开挖暴露的电缆线路，应缩短巡视周期。

2. 运维项目与要求

（1）电缆保护区：① 电缆线路的标识、符号完整；② 外露电缆无下沉及被砸伤的危险；③ 电缆线路与铁路、公路及排水沟交叉处无缺陷；④ 电缆保护区内土壤、构筑物无下沉，电缆无外露；⑤ 有可能受机械或人为损伤的地方有保护装置。

（2）电缆井、沟：① 电缆井、沟盖没有丢失或损坏，没有被杂物压上；② 电缆井、沟无积水、可燃气体、有毒气体或其他异常变化；③ 电缆井、沟内中间接头无损伤或变形；④ 电缆本身的标识无脱落损失；⑤ 电缆井、沟内空气及电缆本身的温度无异常；⑥ 电缆及电缆头无损伤，铅套或钢带无松弛、受拉力或悬浮摆动；⑦ 电缆井、沟内电缆支架牢固；⑧ 电缆井、沟内清洁、无杂物。

（3）电缆及三头：① 裸露电缆的外护套、裸钢带、中间头、户外头无损伤或锈蚀；② 户外头密封性能良好；③ 户外头的接线端子、地线的连接牢固；④ 终端头的引线无爬电痕迹，对地距离充足；⑤ 电缆垂直部分无干枯现象；⑥ 对并列运行的电缆，在验电确认安全的情况下，应用测温仪检查电缆温度，当差别较大时，应用卡流表测量电流分布情况；⑦ 风暴、雷雨或线路跳闸时，应做特殊检查，必要时应进行巡线。

（4）其他：① 通过孔洞的电缆是否拉得过紧，保护管或槽无脱开或锈烂现象；② 安装有保护器的单芯电缆无阀片或球间隙击穿或烧熔现象；③ 户外与架空电缆和终端头完整，引出线的接点无发热现象和电缆铅包龟裂，靠近地面电缆没有被撞碰等；④ 充油电缆油压正常，无论其是否投入运行，并注意与构架绝缘部分的零件无放电现象；⑤ 检查电缆分支箱等无放电声，无进水、锈蚀，绝缘气体压力值正常。

5.3.2 35kV 配电系统运维

1. 运维周期

35kV 配电系统的不停电检查至少每月进行一次，停电检查根据实际情况确定检查周期。

2. 运维项目与要求

（1）例行（不停电）检查：① 应无异常放电声、异味和不均匀的机械噪声；② 柜体温度正常，通风机温控设备运转良好；③ 各指示灯、带电显示器、表计指示应正常；④ 操作方式选择开关应正确，操作方式切换开关正常在"远控"位置；⑤ 断路器分、合闸位置指示器与实际运行方式相符；⑥ 综合保护装置无异常报警；⑦ 柜体清洁、无变形、脱漆、锈蚀、过热、下沉，锁扣完好、到位；各部螺丝无松动、缺失；⑧ 设备标识牌正确齐全；⑨ 保护室、电缆室照明正常；⑩ 电缆头连接紧固、无发热。绝缘无损伤，电缆孔洞封堵完整、无脱落；⑪ 用红外成像仪测量各连续部位、断路器、隔离开关触头等部位。检测方法、检测仪。

（2）例行（停电）检查：

1）外观检查：① 断路器分、合闸位置指示灯与实际运行方式相符；② 综合保护装置无异常报警；③ 柜体清洁、无变形、脱漆、锈蚀、过热、下沉，锁扣完好、到位；各部螺丝无松动、缺失；④ 设备标识是否齐全。

2）柜内检查：① 保护室、电缆室照明正常；② 接地开关操作灵活，接触良好；③ 电缆头连接紧固、无发热，绝缘无损伤，防火封堵无证、无脱落；④ 避雷器清洁、完好，连接紧固、正确；⑤ 互感器无灰尘、积垢、完好，无裂纹，并检查连接是否正确；⑥ 各绝缘子支撑是否牢固，无裂纹、变色；⑦ 静触头清洁、无磨损、发热、烧蚀、变形、压簧完好。三相间中心距离符合图纸要求；⑧ 挡板积垢操作灵活、可靠；⑨ 各闭锁装置可靠；⑩ 二次回路端子排无灰尘、螺丝、接头、插件无松动、发热，电源开关完好；⑪ 温湿度控制器及加热器工作正常。

3）断路器检查：① 动触头清洁，无磨损、发热、烧蚀、变形，压簧完好；

② 控制回路螺丝、接头、插件无松动、发热；③ 手动储能，对断路器手动分、合闸一次，检查断路器动作是否正确、完好，操动机构是否灵活，有无卡涩；④ 断路器推进至试验位置，进行断路器电动操作试验。

5.3.3　主变压器运维

1. 运维周期

不停电检查至少每月进行一次。停电检查根据实际情况确定检查周期。

2. 运维项目与要求

（1）不停电检查：

1）变压器本体：① 顶层油温度计、绕组温度计的外观完整，表盘密封良好，温度计指示正常，期量油箱表面温度，无异常现象；② 油位计外观完整，密封良好，对照油温与油位的标准曲线检查油位指示正常；③ 法兰、阀门、冷却装置、油箱、油管路等密封连接处，油箱、高座等焊接部位质量良好，无渗漏油现象；④ 运行中的振动和噪声应无明显变化，无外部连接松动及内部结构松动引起的振动和噪声，无放电声响；⑤ 铁芯、夹件外引接地应良好，接地电流宜在 100mA 以下；⑥ 本体无锈蚀，大面积脱漆。

2）冷却装置：① 风冷却器风扇和油泵的运行情况正常，无异常声音和振动，油流指示正确，无抖动现象；② 冷却装置及阀门、油泵、管路等无渗漏；③ 散热情况良好，无堵塞、气流不畅等情况。

3）套管：① 瓷套表面应无裂纹、破损、脏污及电晕放电等现象，采用红外测温装置等手段对套管，特别是装硅橡胶增爬裙或涂防污涂料的套管，重点检查有无异常；② 各部密封处应无渗漏，电容式套管应注意电容屏末端接地套管的密封情况；③ 用红外测温装置检测套管内部及顶部接头连接部位温度情况，接地套管及套管电流互感器接线端子是否过热；④ 油位指示正常。

4）吸湿器：① 干燥剂颜色正常。油盒的油位正常，无渗漏油；② 呼吸正常，并随着油温的变化油盒中有气泡产生，如发现呼吸不正常，应防止压力突然释放。

5）无励磁分接开关：① 挡位指示器清晰、指示正确，机械操作装置应无锈蚀；② 密封良好，无渗油。

6）有载分接开关：① 电源电压应在规定的偏差范围之内，指示灯显示正常；② 储油柜油位正常；③ 开关密封部位无渗漏油现象；④ 操作齿轮机构无渗漏油现象，分接开关连接、齿轮箱、开关操作箱内部等无异常；⑤油流控制继电器应密封良好，无集聚气体。

7）压力释放阀：①应密封良好，无喷油现象；②防雨罩安装牢固；③导向装置固定良好，方向正确，导向喷口方向正确。

8）气体继电器：①密封良好；②防雨罩安装牢固；③无集聚气体。

9）端子箱和控制箱：①密封良好，无雨水进入、潮气凝露；②接线端子应无松动和锈蚀、接触良好无发热痕迹；③电气元件完整，接地良好。

10）中性点：①中性点接地良好，隔离开关、放电间隙等位置正确；②支撑绝缘子清洁无破损。

（2）停电检查：

1）冷却装置：①开启冷却装置，检查是否有不正常的振动和异音；②检查冷却器管和支架的脏污、锈蚀情况，如散热效果不佳，应每年至少进行 1 次冷却器管束的冲洗，必要时对支架、外壳等进行防腐（化）处理；③采用 500V 或 1000V 绝缘电阻表对绝缘电阻进行测量；④检查阀门是否正确开启；⑤逐台关闭冷却电源一定时间（30min 左右）后，检查冷却器负压区应无渗漏现象若存在渗漏现象应及时处理，并消除负压现象。

2）高低侧套管：①瓷件应无放电、裂纹、破损、脏污等现象，法兰无锈蚀。必要时对校核套管外绝缘爬距，应满足污秽等级的要求；②套管本体及与箱体连接密封应良好，油位正常；③导电连接部位应无松动，接线端子等连接部位表面应无氧化或过热现象；④中性点无放电、过热痕迹，接地良好。

3）有载分接开关：①两个循环操作各部件的全部动作顺序及限位动作，应符合技术要求；②各分接位置显示应正确一致；③采用 500V 或 1000V 绝缘电阻表测量辅助回路绝缘电阻应大于 1M。

4）其他：①气体继电器密封良好，无渗漏现象，轻、重瓦斯动作可靠，回路传动正确，观察窗清洁，刻度清晰；②压力释放阀无喷油、渗漏油现象，回路传动正确，动作指示杆应保持灵活；③压力式温度计、热电阻温度计内应无潮气凝露，并与顶层油温基本相同，较压力式温度计和热电阻温度计的指示，差值应在 5℃之内，检查温度计接点整定值是否正确，二次回路传动正确；④绕组温度计内应无潮气凝露，检查温度计接点整定值是否正确；⑤油位计表内应无潮气凝露，浮球和指针的动作是否同步，应无假油位现象；⑥油流继电器表内应无潮气凝露，指针位置是否正确，油泵启动后指针应达到绿区无抖动现象；

⑦ 采用 500V 或 1000V 绝缘电阻表测量继电器、油温指示器、油位计、压力释放阀二次回路的绝缘电阻应大于 1MΩ，接线盒、控制箱等防雨、防尘是否良好，接线端子有无松动和锈蚀现象；⑧ 油流带电的泄漏电流，开启所有油泵，稳定后测量中性点泄漏电流，应小于 3.5μA。

5.3.4　GIS 及室外配电系统运维

1. 运维周期

GIS 及室外配电系统的例行检查至少每月进行一次。

2. 运维项目与要求

（1）GIS：① 断路器、隔离开关及接地开关的位置指示器指示正确，并与当时实际运行工况相符；② 现场控制盘上各种信号指示，控制开关的位置及盘内加热器指示正确，加热器能按规定投入或切除；③ 照明、通风系统，防火器具完好无缺、工作正常；④ 各种压力表、密度计、油位计的指示值指示正确；⑤ 隔离开关、接地隔离开关从窥孔中检查触头接触良好；⑥ 断路器、避雷器的动作计数器指示值指示正确；⑦ 外部接线端子、熔断器无松动、无过热、指示正常；⑧ 在 GIS 设备附近无杂音、无异味；⑨ 各类箱、门的关闭情况关闭正常、无脱落；⑩ 外壳、支架、瓷套金属外壳温度不超过规定，无锈蚀、无损失、无裂纹、无破损；⑪ 各类配管及闸门、绝缘法兰与绝缘支架开闭位置指示正确，无损伤、无锈蚀；⑫ 设备本体及操动机构无漏气（SF$_6$ 气体、压缩空气）；无漏油（液压油、电缆油）；⑬ 电缆接地端子接触良好、无发热；⑭ 压力释放装置防护罩无异样，其释放出口无障碍物；⑮ 所有设备清洁、完整、标志完整；⑯ 本体接地装置连接完好。

（2）支柱式 SF$_6$ 断路器：① 断路器分合闸的位置指示正确，并与当时实际运行工况相符；② 现场控制盘上各种信号指示，控制开关的位置及盘内加热器指示正确，加热器能按规定投入或切除；③ 各种压力表、密度计、油位计的指示值指示正确；④ 断路器动作计数器指示值指示正确；⑤ 外部接线端子无松动、无过热；⑥ 设备附近无杂音、无异味；⑦ 各类箱、门的关闭情况关闭正常、无脱落；⑧ 外壳、支架、瓷套金属外壳温度不超过规定，无锈蚀、无损失、无裂纹、无破损；⑨ 电缆接地端子接触良好、无发热；⑩ 设备标识清洁、完整、标志完整；⑪ 本体接地装置连接完好。

（3）互感器：

1）外观：① 检查脏污附着处的瓷件上有无裂纹，如果表面污秽轻微，或裂纹损伤不严重，底座、支架轻微变形，可等停电机会处理，如果表面污秽严重，有污闪可能或瓷质部分裂纹明显，应立刻汇报运行人员，及时停电处理；② 锈蚀及油漆层的缺陷可等停电机会处理；③ 检查硅橡胶增爬裙或 RTV 有无放电痕迹，如有放电痕迹应更换处理；④ 套管瓷套根部若有放电现象涂以半导体绝缘漆；⑤ 膨胀器异常升高时，互感器应停止运行，进一步检查处理。

2）温度：① 二次引线接触是否良好；② 互感器内、外接头接触情况，一次过负荷，二次短路，或绝缘介质损耗升高；③ 是否发生谐振。

3）油位：① 如果有油从密封处渗出，则重新紧固密封件，如果还漏则更换密封件；② 如焊缝渗漏应进行补焊，若焊接面积较大或时间较长，则应带油在持续真空下（油面上抽真空）补焊；③ 如果防爆膜渗漏油，重点检查油位是否过高、防爆膜如有裂纹及时更换，同时检查本体通往膨胀器管路有否堵塞；④ 防爆膜如有裂纹及时更换，同时检查本体通往膨胀器管路有否堵塞。

4）端子箱：① 如果漏水进入则重新密封；② 电压互感器端子箱熔断器和二次断路器（空气开关）正常；③ 如果电气元件有损坏，则进行更换。

5）无异常声响和异常：① 如果不正常的噪声或振动是由于连接松动造成的，则重新紧固这些连接部位；② 如果是由谐振引起的，应及时汇报运行人员破坏谐振条件，消除谐振；③ 末屏（末端）开路；电流互感器二次开路。

6）SF_6 气体压力表指示正常。

7）压力表（密度继电器）指示低于制造厂允许值或年泄漏率大于 1%，应予处理。

8）各连接及接地部位连接可靠。

9）螺丝紧固，连接可靠。

5.3.5　SVG 设备运维

1. 运维周期

SVG 例行检查至少每季度进行一次。

2. 运维项目与要求

运维项目与要求主要有：① 每个链节电压差、温度在要求范围之内；② 接地应可靠，接地螺栓应紧固，连接本体无异常；③ 外观检查，引出线端连接用的螺母、垫片应齐全；④ 瓷件检查，瓷件应完好无破损；⑤ 链接编号检查，编号应向外；⑥ 铭牌检查，铭牌应完整；⑦ 连接母线检查，母线应平整无弯曲；

⑧冷却装置正常；⑨进气口滤棉无异常；⑩经常检查室内温度，通风情况，室内温度不应超过40℃，保持室内清洁卫生；⑪SVG柜体无异常振动、发热，损坏，变形及异味；⑫散热型材及风机周边无异物，温度正常；⑬电路板及原件无松动、破损、变形、腐蚀。

5.3.6 继电保护及自动装置运维

保护装置运维周期和要求见表5−1。

表5−1 保护装置运维周期和要求

序号	项目		周期	要求
1	保护装置	运行环境	1次/周	记录保护运行现场的环境温度，要求5℃<环境温度<25℃
		装置面板及外部检查	1次/周	运行指示灯、显示屏无异常，检查定值区号与实际运行情况相符
		装置内部设备检查	1次/周	各功能开关、方式开关、压板投退符合运行状况
		绝缘状况及防尘	1次/周	直流检测装置误报警、保护装置运行指示正常、端子排无放电现象。装置无积尘
		数据采样	1次/周	模拟量和开关量采样与实际工况相符。注意设备运行方式发生变化（如开关跳闸、倒排）时开关状态的变化情况
		通信状况	1次/周	GPS对时、与监控后台、保护信息子站的通信正常，数据传输正确
		通道运行情况	1次/周	装置无通信异常报警，通信误码率无增加
		差流检查情况	1次/周	检查主变压器、线路和母线差流数据，较投运无较大变化
		装置动作情况	1次/周	装置有无启动记录及异常动作记录，及时分析记录内容，发现设备隐患及时处理
		封堵情况	1次/周	防火墙、防火涂料符合要求
2	二次回路	运行环境	1次/周	端子箱密封良好，端子排无积尘、无凝露现象
		绝缘情况	1次/周	交、直流回路绝缘良好，端子排、元器件无放电情况
		二次回路红外测温	1次/月	TA回路端子排接线压接紧固，无松动、放电、过热情况
		电缆封堵状况	1次/周	电缆孔洞封堵良好
		TA二次接地状况	1次/周	TA二次绕组有且只有一个接地点，接地点位置按反措规程要求装设。接地线压接良好，无放电现象
		TV二次接地状况	1次/周	TV二次绕组有且只有一个接地点，接地点位置按反措规程要求装设。接地线压接良好，无放电现象

AVC装置运维周期和要求见表5−2。

表 5-2　　　　　　　　　　　　AVC 装置运维周期和要求

项目		周期	要求
AVC 装置	运行环境	1 次/周	记录保护运行现场的环境温度，要求 5℃＜环境温度＜30℃
	接口状态	1 次/周	查看 AVC 装置与风机后台系统、综自升压站系统、能量管理平台系统、风电综合通信管理终端的通信状态
	信息数据	1 次/周	查看 AVC 主界面，观察风机，升压站等显示信息数据是否正常刷新，与后台显示是否一致
	异常告警	1 次/周	查看遥测，遥信，操作，设定值告警窗口，检查是否有系统告警，如有及时处理
	运行状态	1 次/周	确认 AVC 系统目前运行状态，投入/退出，即 AVC 是否投入使用。如退出状态，确认其退出原因
	控制方式	1 次/周	确认 AVC 系统目前控制模式，远方/就地，如就地控制需确认当前调度指令值，检查 AVC 系统当前执行是否与调令值相符；如远方控制模式，则需确认其与主站通信是否正常

AGC 装置运维周期和要求见表 5-3。

表 5-3　　　　　　　　　　　　AGC 装置运维周期和要求

项目		周期	要求
AGC 装置	运行环境	1 次/周	记录保护运行现场的环境温度，要求 5℃＜环境温度＜30℃
	接口状态	1 次/周	查看 AGC 装置与风机后台系统、综自升压站系统、能量管理平台系统、风电综合通信管理终端的通信状态
	信息数据	1 次/周	查看 AGC 主界面，观察风机，升压站等显示信息数据是否正常刷新，与后台显示是否一致
	异常告警	1 次/周	查看遥测，遥信，操作，设定值告警窗口，检查是否有系统告警，如有及时处理
	运行状态	1 次/周	确认 AGC 系统目前运行状态，投入/退出，即 AGC 是否投入使用。如退出状态，确认其退出原因
	控制方式	1 次/周	确认 AGC 系统目前控制模式，远方/就地，如就地控制需确认当前调度指令值，检查 AGC 系统当前执行是否与调令值相符；如远方控制模式，则需确认其与主站通信是否正常

5.3.7　监控自动化系统运维

1. 运维周期

综合自动化系统运维应每周 1 次。

2. 运维项目和要求

运维项目和要求主要有：① 显示灯正常；② 时钟对位；③ 工作电压正常；

④ 定值区与定值通知单相符；⑤ 与调度核对模拟量和状态量无误；⑥ 插件无过热现象；⑦ 主机硬件清洁，无积灰；⑧ 连线无松动；⑨ 可实施遥控命令及获取保护定值；⑩ 主机系统无病毒，系统软件运行良好；⑪ 系统故障后的系统软硬件、应用软件重新安装；⑫ 监控程序修改之前应先做好备份，定期对监控程序进行备份维护工作前做好监控程序和相关数据备份工作；⑬ 按收集软件功能改进意见进行升级；⑭ 每天检查确保包括调度电话通信通道和设备、继电保护或安稳装置通信通道、远动信息通信通道，以及风光电场内的任一条光纤和通信设备的运行状态是否良好。

5.3.8　直流及 UPS 系统运维

1. 运维周期

直流系统运维应每月进行 1 次。

2. 运维项目和要求

（1）充放电装置，装置应完整、外观整洁。

（2）蓄电池：① 壳体无变形、裂纹、损伤，密封良好、外观清洁；② 蓄电池正、负极柱极性正确，无变形、生盐；③ 连接条、螺栓及螺母应齐全，无锈蚀、松动；④ 无漏液现象；安全阀良好；⑤ 浮充电运行的蓄电池组，应严格控制所在蓄电池室环境温度不能长期超过 30℃，防止因环境温度过高使蓄电池容量严重下降，运行寿命缩短；⑥ 应定期对充电、浮充电装置进行全面检查，校验其稳压、稳流精度和纹波系数不符合要求的，应及时对其进行调整，以满足要求；⑦ 至少每月检测一次单只蓄电池的电压，对不符合标准、规范或制造厂要求的蓄电池及时活化或更换。

（3）直流馈电屏，外观完整、清洁。

6

案　例

结合本书对新能源功率预测内容的理论，选取预测考核、极端天气、场站运维和预测偏差等四个案例，分别从案例背景、案例数据和预测结果三个方面进行分析。

≫ 6.1 预 测 考 核 ≪

6.1.1　案例背景

某装机容量为 49.5MW 的风电场位于新疆罗布泊风能资源区，是天山山脉气流向东运动的必经之地。该风电场采用 33 台华创风能 CCWE1500-93 型风电机组，塔筒高度为 78m，2019 年 11 月的平均风速为 3.16m/s，从切入风速 3m/s 至切出风速 25m/s 的有效风时数占比为 46.2%，其中，3m/s 至额定风速 10m/s 之间的有效风时数占比为 97.4%，可见该月整体风况以小风天偏多。同时，该风电场月度"两个细则"考核分数在区域对标排名中较高，具有一定的代表性。

6.1.2　案例数据

1. 超短期功率预测考核分析

（1）无风天存在小数位差异。在无风天时，虽然预测值与实际值的差值小，但由于存在两位小数的偏差，公式计算出的偏差大。以 2019 年 11 月 28 日为例，该天仅因 1:00—2:15 和 17:30 七个噪点导致整体数据失真，调和平均数准确率仅为 1.91%，考核分数为 5.43 分。其原因为在切入风速 3m/s 附近，此风电场采用的机组未能正常发电。由于机组能否正常并网发电与整机性能息息相关，而功率预测厂家是以整机理论功率曲线进行预测，因此业主单位应及时将此情况向功率预测厂家进行反馈。

（2）大风天存在气象源偏差。以 2019 年 11 月 3 日为例，在大风天时，出现气象数据与实际数据变化幅值不一致的情况。实际风速从 13:30 开始—次日 00:00 均高于预测风速，造成功率平均偏差为 1.89MW，少预测电量约为 1.03 万 kWh。

2. 理论功率考核分析

因理论功率不达标产生的考核分以 2019 年 11 月 18 日和 2019 年 11 月 25 日为例，如图 6-1 所示，这两日基本无风，由于风电机组 SCADA 系统会考虑待机状态下从电网吸收的功率，因此，理论功率出现负值，而电网侧仅测量风电场实际发出的功率值，该值始终大于等于零，从而导致偏差。这两日理论功率中分别有 83 个、84 个点为负值，累计和为 -7.93MW，实际功率为 0MW，由此产生的考核分数为 2.44 分，占全月理论功率考核的以 2019 年 11 月 22 日为例，当日 17:45—23:45 的平均风速为 10.39m/s，且当日无故障机组，按照功率曲线理论功率应为 149.2MWh，然而实际功率却为 143.7MWh。其中，电网已自动筛除该时段中的限电时刻，反映出风电机组存在应发未发的情况。

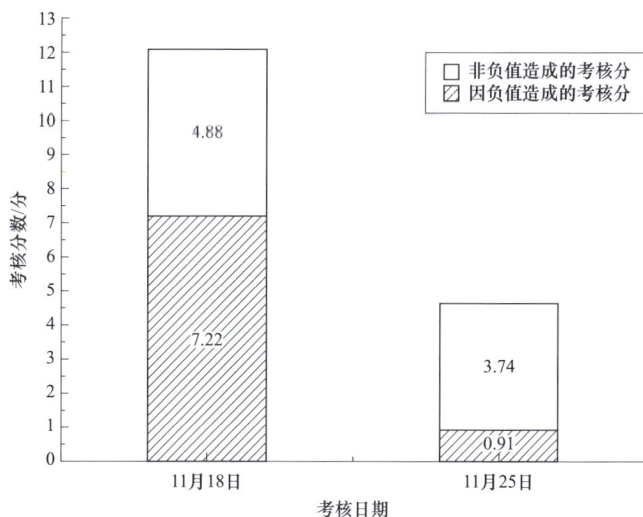

图 6-1 因理论功率不达标产生的考核分

针对无风天存在小数位差异的问题，建议在无风天时，合理利用超短期调和平均数准确率公式中的免考核策略，将类似情况的功率调整为装机容量的 3% 以内，免除因此部分偏差造成的考核分。针对大风天存在气象源偏差的问题，建议升级功率预测算法，参照实际功率做预测；同时，也可提高气象采集频次，由目前的一日两次增加为多次。

6.1.3　预测结果

从预测结果方面，针对上述案例数据的问题，为使理论功率与实际功率趋势一致，基于 Bin 法将预测功率按 0.5MW 为一个单位步长，统计［0.5MW，49.5MW］区间各预测功率下的平均实际功率，进行理论功率矫正系数的计算，如图 6-2 所示，得出平均矫正系数为 95.6%。矫正后理论功率符合实际功率变化，有效降低了考核分。

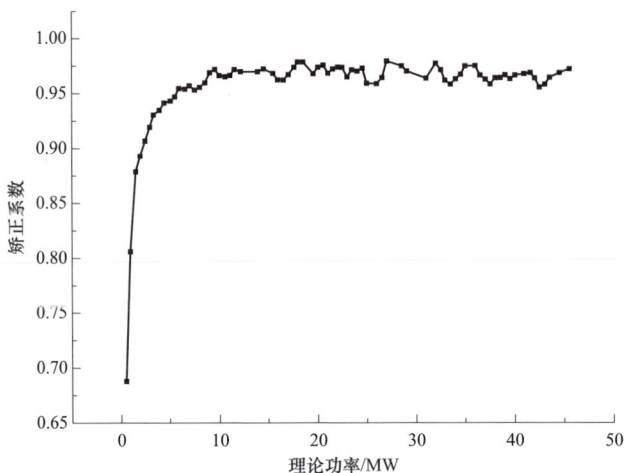

图 6-2　理论功率的矫正系数

6.2　极　端　天　气

6.2.1　案例背景

某省装机 30MW 的光伏场站进行案例分析，数据集包括 NWP 数据和功率实测数据。NWP 气象数据包括水平面总辐照度、散射辐照度、直射辐照度、温度、风速和相对湿度。选择 LightGBM、RF、MLP、递归神经网络（recursive neural network，RNN）、极致梯度提升树（extreme gradient boosting，XGBoost）这 5 种机器学习算法进行光伏功率的预测，评估指标采用平均绝对误差（mean absolute error，MAE）与均方根误差（root mean squared error，RMSE），MAE 和 RMSE 的具体公式为：

$$e_{MAE} = \frac{\sum_{i=1}^{N}\left|P_i - P_{i,pre}\right|}{Cap \times N} \qquad (6-1)$$

$$e_{RMSE} = \frac{\sqrt{\sum_{i=1}^{N}(P_i - P_{i,pre})^2}}{Cap \times \sqrt{N}} \qquad (6-2)$$

式中：$P_{i,pre}$ 为 i 时刻光伏功率 P_i 的预测值；Cap 为光伏电厂的装机容量；N 为数据个数。

6.2.2　案例数据

分析该光伏电站 2023 年 1 月 12 日 00:00—2023 年 2 月 22 日 00:00 的 NWP 数据与功率实测数据。图 6-3 为该光伏场站每日最大光伏出力，可见在此段时间内，有几日实测光伏功率没有达到平均水平。结合实际气候情况，1、2 月为冬季，发生降雪等极端天气事件的概率较大，因此光伏出力在覆雪等极端天气发生时出现大幅度削减。晴天、多云或阴天、覆雪天气发生的概率不同，晴天

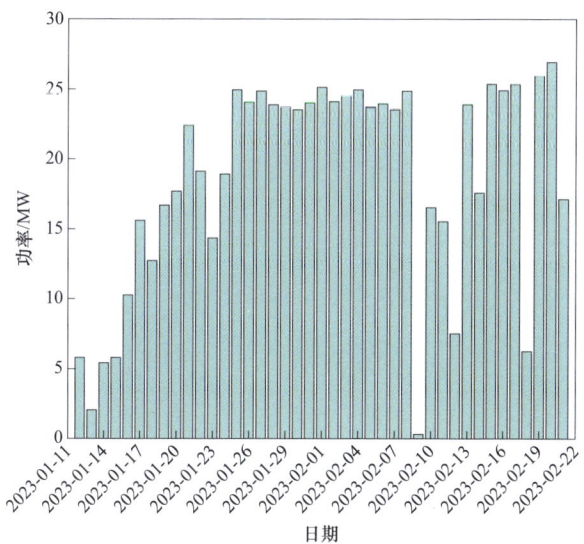

图 6-3　光伏场站每日最大光伏出力

出现的概率最大，多云或阴天出现的概率较小，覆雪天气出现的概率最小，进一步导致晴天天气、多云或阴天、覆雪天气下的样本数量不一致。

在进行预测时将各种天气的样本进行平衡是有必要的。首先应用 SMOTE 算法对不同天气场景下的训练集进行数据增强，覆雪天气下的扩充结果如图 6-4 所示。

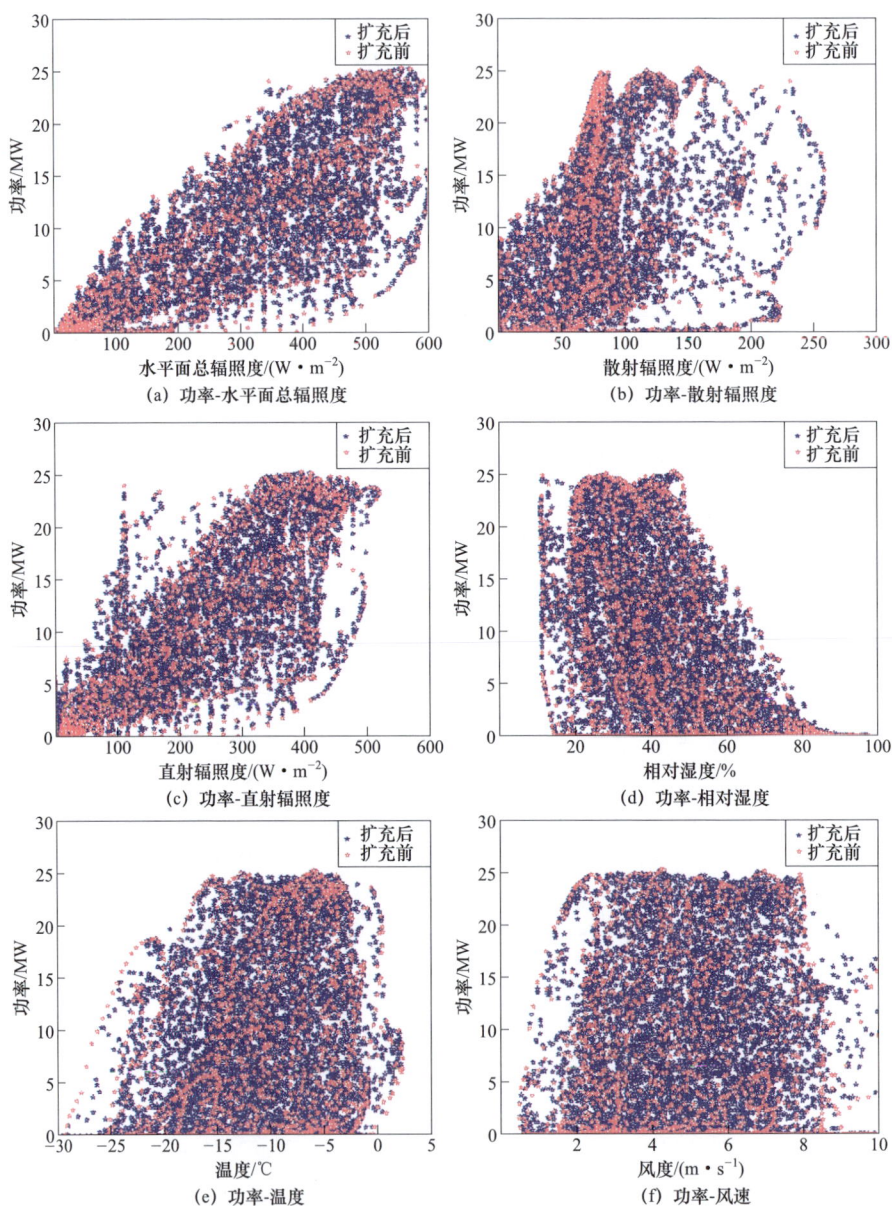

图 6-4 覆雪天气样本扩充结果

可见使用 SMOTE 算法对样本进行扩充后，样本量得到了较大的提升，由原来的 3456 条变为 20376 条，各天气类型下的样本量能达到平衡。对于各气象因素，扩充后的结果与之前的分布大致相似。水平面总辐照度、散射辐照度、直射辐照度与光伏功率的关系图的特征基本上是一致的，符合物理规律；相对湿度、温度、风速和功率之间的关系图则呈现不同的趋势。由此可验证，前文中以辐照度作为划分天气类型的依据是可行的。

样本扩充完成后，应用 LightGBM、RF、MLP、RNN、XGBoost 在不同天气类型下构建光伏功率预测模型，对扩充前后的数据集进行训练，预测结果如图 6−5～图 6−7 所示。图 6−5 为晴天天气类型下的功率预测结果，可见晴天时光伏功率实际值最大达到了 25MW；不同预测模型的最大值也都分布在 20MW 左右，其中 LightGBM 的预测结果较为理想，预测的最大值与真实值最为接近。表明，LightGBM 适用于训练晴天天气类型下较大的数据量。图 6−6 为多云或阴天天气下的功率预测结果，可见此种天气类型下，光伏功率在一天中的不同时段出现了不同程度的削减，RF 对此种天气类型展现出来较好的预测性能。图 6−7 为覆雪天气类型下的功率预测结果，可见此时光伏功率大幅度削减，最大光伏功率仅达到了 6MW 左右；MLP 对覆雪天气类型下的光伏功率预测较为准确。

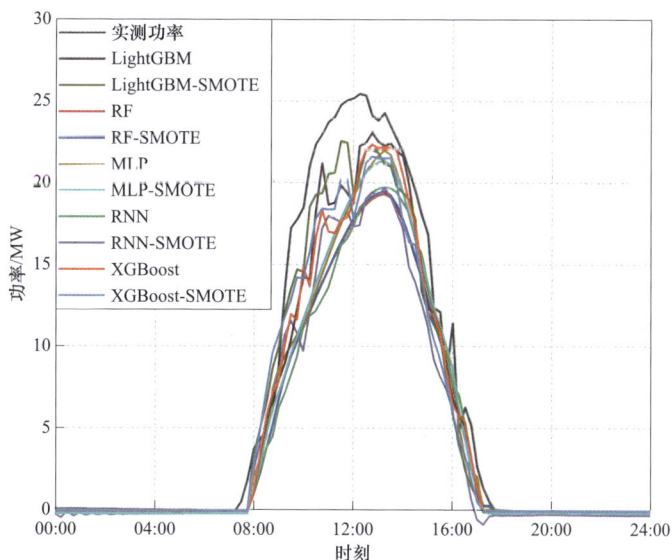

图 6−5　晴天的功率预测结果

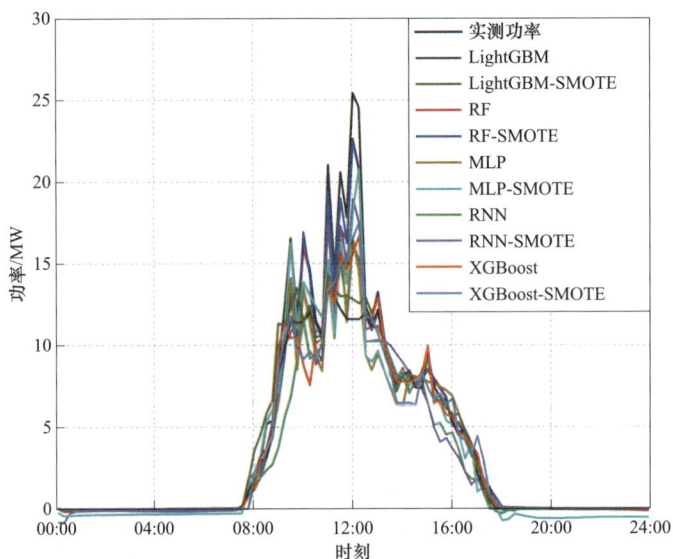

图6-6　多云或阴天的功率预测结果

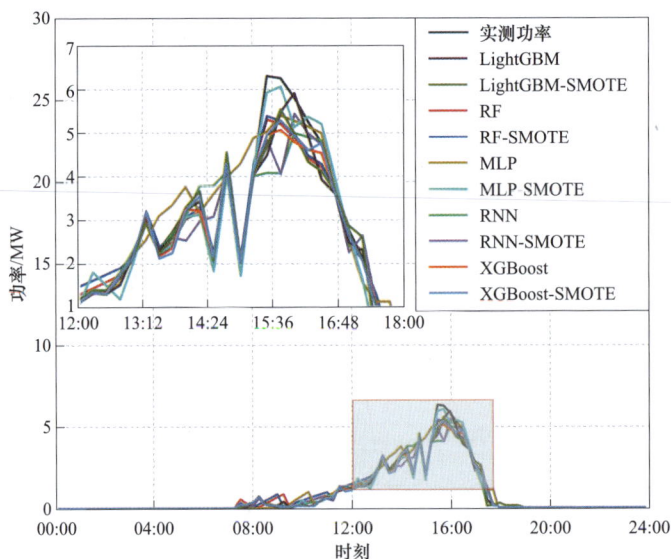

图6-7　覆雪天气下的功率预测结果

6.2.3　预测结果

每个预测模型进行数据扩充前后的 MAE 和 RMSE 如表 6-1 所示，可见用 SMOTE 算法进行数据扩充后的预测精度基本有所提升：晴天天气类型下 LightGBM 算法用 SMOTE 扩充后的 MAE 由 1.10%降低到了 0.63%，精度上升了

0.47%，RMSE 由 2.16%降低到了 1.28%，精度提升了 0.88%；多云或阴天天气下，RF 算法用 SMOTE 扩充后的 MAE 由 1.41%降低到 0.51%，精度提升了 0.9%，RMSE 由 2.97%降低到了 1.13%，精度提升了 1.84%；覆雪天气下 MLP 算法用 SMOTE 扩充后的 MAE 由 1.08%降低到了 1.05%，精度上升了 0.03%，RMSE 由 2.33%降低到了 2.31%，精度提升了 0.02%。

表6-1　　　　　　　　　　各模型预测误差统计

天气	扩充情况	RF		RNN		MLP		LightGBM		XGBoost	
		eMAE	eRMSE	eMAE	eRMSE	eMAE	eRMSE	eMAE	eRMSE	eMAE	eRMSE
晴天	扩充前	1.65	3.19	1.71	3.34	2.43	2.68	1.10	2.16	1.19	2.32
	扩充后	1.63	3.16	1.42	2.56	1.60	2.96	0.63	1.28	0.81	1.61
多云或阴天	扩充前	1.41	2.97	1.65	3.47	1.62	3.17	1.41	2.97	1.62	3.45
	扩充后	0.51	1.13	1.28	2.87	1.16	2.23	0.56	1.19	1.56	3.37
覆雪	扩充前	1.45	2.41	1.26	2.60	1.08	2.33	1.49	3.45	1.53	3.55
	扩充后	1.34	2.37	1.23	2.58	1.05	2.31	1.40	3.23	1.48	3.42

6.3　场　站　运　维

6.3.1　案例背景

某新能源场站位于甘肃省玉门市，2024 年 10 月 26 日最大偏差为 89.34。结合短期预测及实际功率，对 10 月 26 日进行整体分析，功率曲线比对和总辐射曲线比对分别如图 6-8 和图 6-9 所示。

6.3.2　案例数据

该新能源场站总装机 50.00MW，10 月 26 日最大出力为 30.51MW，平均出力为 2.85MW，最大偏差为 44.87MW，最大偏差时间为 13:30。

造成精度偏差的原因，从数据层面分析后主要因素可能如下：

（1）根据计算，实际功率与理论功率曲线相关系数为 0.47，可以分析得到该站可能存在限电，导致逆变器关机，可用功率为零。

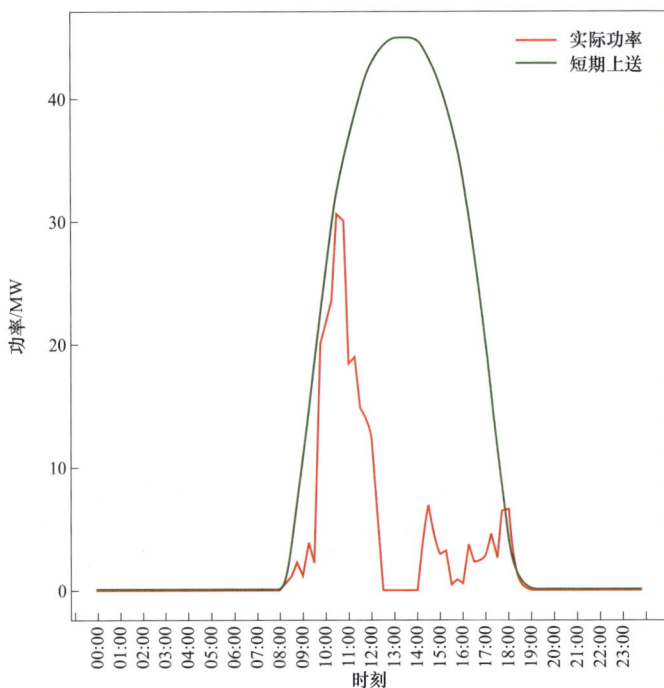

图 6-8　功率曲线比对

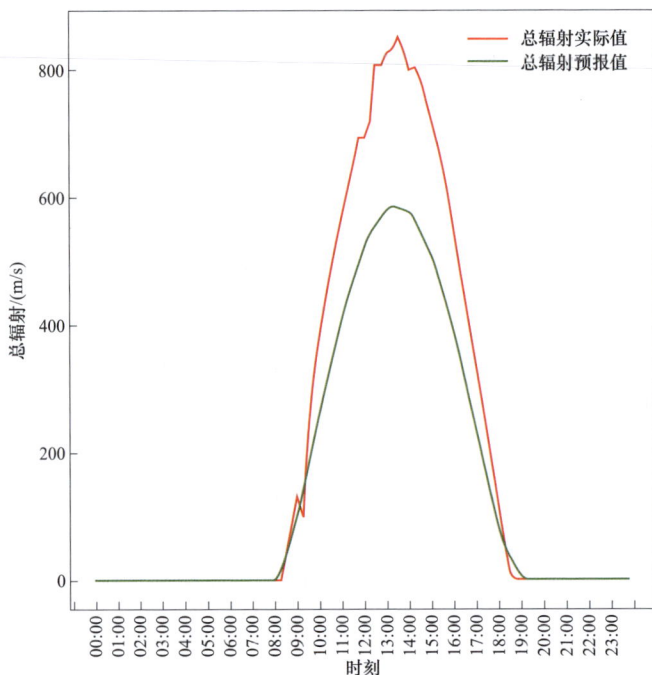

图 6-9　总辐射曲线比对

（2）中国大部分地区受季风控制影响，云系的变化移动随季风变化迁移，同时大尺度的环流形势配合中小尺度天气波动，给云体的预测带来极大的不确定性。因而中小尺度的辐射预测需要结合相当长时间的辐射数据观测积累。

（3）天气预报面对大尺度天气背景下的中小尺度的天气要素难以精准捕捉，无规律无征兆突发的天气历来是预测的难点，往往来自局地天气要素的扰动，数值模式在预报天气时采用参数化方案对局地边界层湍流等数值不可解过程进行模拟，参数化方案中的参数取自该区域的统计结果。

6.3.3　预测结果

大气运动的高分辨率、高精度模拟仍然面临计算资源的限制，导致无法准确刻画阵风、大风等小尺度天气现象的细节数值天气预报模式中，许多物理过程无法直接精确求解，需要通过参数化方案来近似描述。例如，对流过程、边界层过程、云微物理过程等都涉及复杂的物理机制，目前的参数化方案在模拟这些过程时存在一定的误差。

新能源预测厂家应尽最大努力不断积累测光与功率数据，完善数据积累，构建和优化预测模型。收集近期实际功率和实际辐照度数据，基于现有气象源进行多气象源的拟合及优化，进一步优化对辐射的预测准确率。场站的运维人员加强日常运维巡检工作，根据发电情况及时设置计划开机曲线，及时发现并处理功率预测系统出现的异常。

➤ 6.4　预　测　偏　差 ◄

6.4.1　案例背景

某新能源场站位于甘肃省，通过对 2024 年 11 月 1—30 日某风电场运行数据的统计分析后，发现当前天气预报对于阵风的骤然变化，大风的起报、停报时间存在一定误差，当一个中尺度对流系统在天气尺度系统的影响下发展时，其内部的湍流结构和能量交换非常复杂，可能导致局部地区风速的急剧变化，而预测模型在处理这种跨尺度的相互作用时容易出现误差，从而影响对阵风、大风的准确预测，尤其电站建设面积大，风机分布广，任一轻微天气变化都可能存在预测误差。

6.4.2　案例数据

2024 年 11 月 1—30 日，功率预测最大误差为 89.62，误差时间为 2024－11－21 21:00:00，该日预测误差最大风速为 6.94，存在的主要问题有阵风、大风过程预报整体偏高，实际现场情况未能达预测条件下的功率。

通过对本月/日的功率曲线、风速曲线发现可知，造成预测误差较大主要由以下 5 类：①阵风、大风过程预报整体偏高，实际现场情况未能达预测条件下的功率；②中小风天气下，预测整体偏高；③阵风、大风过程中风速平缓时间存在预报差异；④存在风速突变，一定的阵风和大风预测存在误差，预报未能精准预测；⑤中小风天气下，预测误差和实际差距较小，但是受限于中小风偏差会放大，导致精度较低。实际－预测功率对比图、实际－预测轮毂高度风速对比图分别如图 6-10、图 6-11 所示。

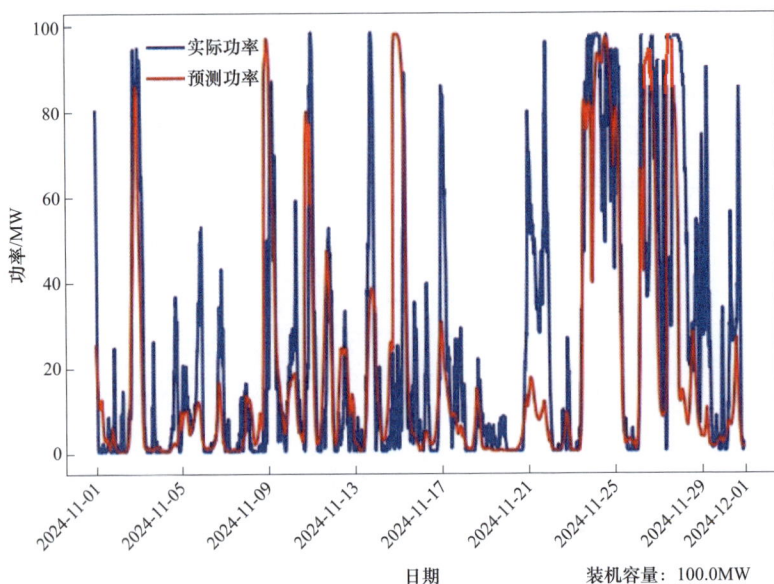

图 6-10　实际－预测功率对比图

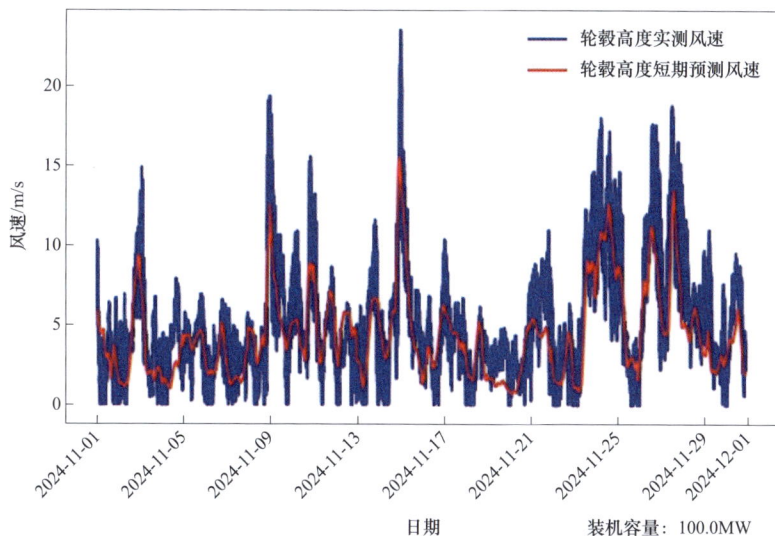

图 6-11 实际-预测轮毂高度风速对比图

利用现场运行数据分析可知，在 2024 年 11 月 1—30 日，剔除异常数据后，有效数据量为 17370 条，产生误差点数有 17370 条，误差分布较为规律，呈正态分布式，极端误差区间点数占比较少多数集中在（−20MW，−20MW），功率预测误差分布统计表见表 6-2，功率预测误差分布图如图 6-12 所示。

表6-2　　　　　　　　　功率预测误差分布统计表

误差范围	数据条数	占比情况
（−100，−80）	228	1.31%
（−80，−60）	167	0.96%
（−60，−40）	367	2.11%
（−40，−20）	365	2.1%
（−20，0）	6505	37.45%
（0，20）	6602	38.01%
（20，40）	1792	10.32%
（40，60）	876	5.04%
（60，80）	306	1.76%
（80，100）	162	0.93%

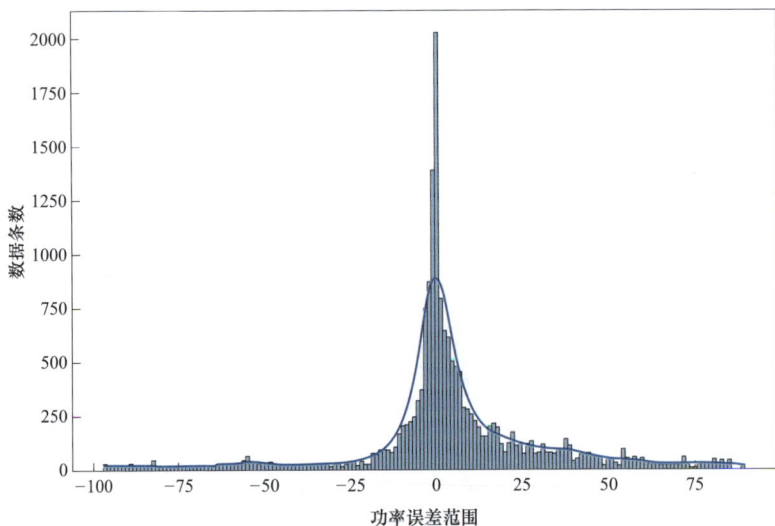

图 6-12　功率预测误差分布图

6.4.3　预测结果

针对 2024 年 11 月 1—30 日某风电场站预测结果，新能源预测厂家应开展最新气象源寻优、模型参数调优等工作，模型调整包括并不限于采用阵风修正，形成抗干扰能力更优的预测模型，提升模型稳定性。同时，还应定期展开气象研讨会，汇集各气象源预报及气象局气象预警信息，开展电站及所属区县云图分析，及时对场站的预测结果进行人工干预。

参 考 文 献

[1] 刘勤. 基于神经网络的新能源功率预测 [J]. 电气传动自动化，2024，46（05）：72 – 75 + 71.

[2] 张力，应振华. 人工智能技术在新能源功率预测中运用研究 [J]. 电力设备管理，2024，（18）：149 – 151.

[3] 慈铁军，廖子恒，任梦晨，等. 基于 VMD – Stacking 集成学习的新能源发电功率预测模型 [J]. 电力科学与工程，2024，40（09）：14 – 23.

[4] 陈运蓬，景超，白静波，等. 基于集成学习的新能源发电功率预测 [J]. 太阳能学报，2024，45（06）：412 – 421. DOI：10.19912/j.0254 – 0096.tynxb.2023 – 0200.

[5] 梁以恒，杨冬梅，刘刚，等. 基于功率预测精度提升和市场交易的平抑新能源出力波动策略 [J/OL]. 上海交通大学学报，1 – 17 [2024 – 12 – 15].

[6] 汪鸿，朱正甲，陈建华，等. 基于人工智能技术与物理方法结合的新能源功率预测研究 [J]. 高电压技术，2023，49（S1）：111 – 117. DOI：10.13336/j.1003 – 6520.hve.20230609.

[7] 赵长飞. 新能源电力系统概率预测 – 决策一体化研究 [D]. 浙江大学，2022. DOI：10.27461/d.cnki.gzjdx.2022.002095.

[8] 刘新东. 智能电网稳定预测与自愈调控理论方法 [M]. 北京：电子工业出版社，2017.

[9] 董小泊、郭进学等. 风光电场设备检修维护标准化手册 [M]. 北京：中国电力出版社，2017.